家庭
有机小菜园

〔日〕阿部丰 著　冯宇轩 译

CnS K 湖南科学技术出版社

本书的优点与使用方法

即使是蔬菜栽培的新手，也能按照本书介绍的方法顺利地进行有机栽培。

本书主要按每种蔬菜的栽培顺序进行介绍。

通过相关的实践数据，帮助你更好地掌握栽培蔬菜的诀窍。如何不费功夫地持续收获美味作物，也是解说的重点哦。

栽培的日程表

日程表主要展示了播种、移栽、收获美味作物的适当时期，根据不同的地域来标示，让你一目了然。

下面是栽培的日程表中各地域的区分。

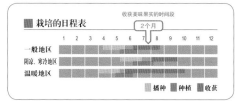

栽培的日程表		1	2	3	4	5	6	7	8	9	10	11	12
一般地区													
阴凉、寒冷地区													
温暖地区													

收获美味果实的时间段
2个月

播种　种植　收获

家庭菜园的耕作基准

以成员为四个人的家庭为例，根据足够满足家庭需求的收获量来进行推算，必要的空间面积和植株数量如图所示。基准的制定是以该地同时期也可以种植其他品种蔬菜为前提，所以种植的品种尽量不要超过图示的标准数量，避免像有的家庭菜园只种一种作物导致吃不完的情况。以最大限度地利用有限空间为目标，请认真参照耕作基准。

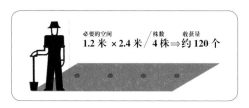

必要的空间　　　株数　　收获量
1.2 米 ×2.4 米／4株⇒约120 个

栽培的顺序

田地准备好后就开始播种和移栽了，本书将解说从管理到收获过程中的各种操作。搭配丰富的照片和手绘图，让你如同亲身体验实际操作一样。

田地的准备

播种的最佳间隔距离是多少呢？植苗时的最佳间距是多少呢？最佳列间间距是多少呢？田垄的最佳宽度和高度分别是多少呢？针对这些田地准备过程中的基础数据，对应的手绘图让你一目了然。

持续丰收美味果实的诀窍

自己花心思种的蔬菜，肯定希望它们能够有个好收成，这也是本书希望为你实现的目标，为此精心地介绍了一些栽培诀窍。

持续丰收美味果实的诀窍

9月中旬开始尽早挖掘。10月开始可以正式收获了，在发生数轮霜降之后的12月初，将其全部挖出。在调理期可以少量收获，为了用于保存要全部收割为宜。

这么做不费力！

刚开始进行除草、浇水、追肥之类的管理操作时，大家可能一时找不到省时、省力的方法，因此，为了有效地进行培育，介绍给大家一些不费功夫的巧妙手段。

这么做不费力

使用花网的话就替代了诱引的作用。网子的高度不能设置太高或太低，6月下旬枝尖稍微冒出来的高度刚好适合铺设网子。

需要注意的虫害与对策

害虫比较少的话，需要留意芋双线天蛾的幼虫，其外形怪异，无刺无毒，看到之后可以直接捕杀。除此之外，斜纹夜蛾的幼虫也要小心防范，其幼虫群体在进食时很容易捕杀。

需要注意的虫害与对策

病虫害虽然少，但还是要注意芋双线天蛾的幼虫。其身体上的刺是无毒的，见到之后可以立刻捕杀。

也要注意斜纹夜蛾的幼虫，当幼虫群体食害叶片时很容易捕杀。

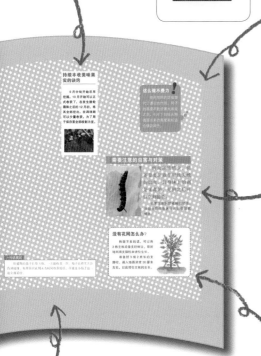

一句话建议

主要是补充说明基础操作以外的知识，传授栽培和收获的要点，精炼地总结有机栽培的心得。

一句话建议

旺盛期的茄子长得飞快，一天能收获一次。茄子长得太大会伤到植株，如果你只在周末有时间收获的话，尽量连小茄子也一起全部采收。

解决实际问题

"没有可以代替的工具吗？""怎么培育更健康点呢？""隔一段时间不去田里也没关系吗？"……这些实际问题本书将会一一作答，在解除疑问的同时带给你切实的便利。

没有花网怎么办？

株数不多的话，可以将3株主枝沿着支柱树立，很好地利用支撑柱来诱引生长。

准备好3根2米长的支撑柱，插入地面深度30厘米左右，以此诱引主枝的生长。

前言

你是否对于自己有机栽培的蔬菜，会感觉其味道不尽如人意？
或者希望有机栽培的黄瓜和茄子享有更长的生长期？

有机栽培可以让蔬菜很美味，也可以让收获期很长，但通常这两点很难一起实现。
在阿部农园，以同时解决这两大难点为宗旨，
实现"持续丰收美味果实"的关键在于"田地的舒适度"。

蔬菜跟人一样也能感觉到居住环境是否舒适。
打造出能让蔬菜"心情好"的田地，就能让它们健康生长，持续丰收。
本书为了实现这样的美好画面，列举了许多在具体栽培过程中的要点。

远远望去，那一片充满生机的辽阔土地，一片片的田野，是我想一直驻足的风景。
家庭菜园以及盛满美食的餐具里，也是另一派美妙景象。
如果在此般美好环境中生活着，一定能健康长寿吧！

种植蔬菜的喜悦之处不只在于收获，这个过程也是充满快乐的。
大家一定要好好享受种植蔬菜过程中，与蔬菜在一起的美好时光。
当然，收获之后就更不用说了。

适逢本书出版，特别感谢编辑新田穗高、小泽启司，摄影师泷冈健太郎，还有家之光协会的诸位。

阿部丰

目录

第一章 亲手打造美好菜园的 4 个关键点

亲手打造美好菜园的 4 个关键点 …………2

关键点 1 栽培多品类的作物 …………4

关键点 2 保持田地的多样性 …………8

关键点 3 优先考虑配土的排水性 …… 10

关键点 4 安排田地的"缓冲空间" …… 11

如何有效地持续栽培美味作物 ………… 12

第二章 果类蔬菜

番茄 ……………………………… 14

茄子 ……………………………… 20

灯笼椒 …………………………… 26

红辣椒 …………………………… 29

黄瓜 ……………………………… 30

南瓜 ……………………………… 34

节瓜 ……………………………… 38

苦瓜 ……………………………… 40

西瓜 ……………………………… 42

秋葵 ……………………………… 46

玉米 ……………………………… 48

四季豆 …………………………… 50

毛豆 ……………………………… 52

蚕豆 ……………………………… 54

荷兰豆 …………………………… 56

大豆 ……………………………… 58

芝麻 ……………………………… 60

能像西瓜一样栽培的蔬菜 ……… 45

阿部农园的各种农具 …………… 62

第三章　叶类蔬菜

卷心菜 ················· 64

西兰花 ················· 67

白菜 ··················· 68

莴苣 ··················· 72

宝贝生菜 ··············· 75

菠菜 ··················· 80

小松菜 ················· 81

塌菜 ··················· 82

青梗菜 ················· 83

壬生菜 ················· 84

小叶茼蒿 ··············· 85

菜花 ··················· 86

帝王菜 ················· 87

大葱 ··················· 90

洋葱 ··················· 94

大蒜 ··················· 98

薤头 ··················· 100

芦笋 ··················· 102

卷心菜和白菜的育苗 ················· 70

叶类蔬菜的巧妙培育法 ··············· 76

多种叶类蔬菜一起培育 ··············· 88

与大蒜、薤头栽培方式相同的蔬菜

················· 101

第四章　根茎类蔬菜

白萝卜 ················· 106

芜菁 ··················· 112

胡萝卜 ················· 114

土豆 ··················· 118

芋头 ··················· 122

红薯 ··················· 124

山药 ··················· 128

牛蒡 ··················· 130

生姜 ··················· 132

一起来加工保存食用的萝卜吧 ··········· 108

第五章　有机栽培与农田作业的基础

农田的基础操作，只要准备好这些 ······ 136

巧妙使用地膜和无纺布的方法 ·········· 140

配土 ··················· 144

夏季蔬菜的育苗 ················· 148

杂草的对策 ··············· 150

虫害的对策 ··············· 152

第一章
亲手打造美好菜园的
4 个关键点

亲手打造美好菜园的
4个关键点

虽然"有机造田"的概念就这么一个，但是它的组建方法千差万别。尽管每个方法都不同，但品质优良的有机菜园是有共同点的，笔者总结了4个关键点。

也许你已经在心中描绘出理想菜园的样子，但初次打造菜园的人一般都找不到感觉，感觉这东西一方面需要自我思考的能力，另一方面也需要灵活借鉴的能力，才能把各种相关的技术、资讯跟自己的菜园结合起来应用。

感觉需要靠经验和自身的努力来提升，可是只要你亲力亲为，就可以在短时间内成为造田的高手。

第一步需要掌握的关键点有以下4个：

①栽培多品类的作物；②保持田地的多样性；③优先考虑配土的排水性；④安排田地的"缓冲空间"。带着这样的想法来合理配置空间，开始用心打造让自己乐在其中的菜园吧。

害虫的天敌即益虫，一定要积极利用益虫。瓢虫吃蚜虫，蜘蛛吃黏虫，螳螂吃蟥象，蝴蝶赏心悦目，打造出能容纳各类生物的环境是很重要的。

站在生长着苗壮蔬菜的菜园里，感觉心情很好。

关键点 1

栽培多品类的作物

比起只种一类蔬菜，多个品种一起少量种植的方式更适合有机栽培。为何如此？因为当细菌和害虫侵害它们喜爱的某种作物时，其他蔬菜可能不会受其影响，所以少量多品类的栽培，大大降低了病虫害大爆发的概率。

多品类栽培看上去好像很复杂，其实只要单纯地根据季节来给蔬菜分组，还是挺容易上手的。（参照 P4）

关键点 2

保持田地的多样性

为了保持田地的多样性，比起放任其自然生长，增加品种显得尤为重要。不到一年的精耕细作就能看到结果，就算田地面积比较小，经过一年的打造也能营造出多样性的感觉。

栽培与管理作物，不能只靠一种手段，融入多种不同方法的话，就算这一年发生了特别的气象状况和虫害，处理起来也会更容易些。在有机栽培的过程中，多元化的实践是相当重要的，就算不能做到百分之百顺利，至少可以顺利完成 70%~90% 的进度。（参照 P8）

关键点 3

优先考虑配土的排水性

很多人认为堆肥里包含了蔬菜生长必要的营养，可是比起在田里堆肥，它有着更为重要的意义，那就是给予田地适合蔬菜生长的力量，即"地力"。具体而言，在田地里堆肥后，其中富含的碳素成分被当作饵料吸收到土壤中，增加了土壤中的微生物群，这样有利于形成疏松土壤进而促进蔬菜根部伸展。这样的土壤排水性就很好，能够保存适量的水分和肥分。（参照 P10）

关键点 4

安排田地的"缓冲空间"

蔬菜在严酷的自然环境中生长，特别是近年，日本初春开始的冰雹雷雨和长期梅雨，夏季的酷暑和密集暴雨，秋季的台风等气象变化，呈现逐渐极端的形态。因此在这样过于残酷的自然环境下，给予田地一些"缓冲空间"很重要。可以充分利用防寒布、防虫网和无纺布等农用设施来保护田地。另外，田地周围用高粱等比较高的植物围起来也是很有效的。（参照 P11）

栽培多品类的作物

栽培不同种类的蔬菜比单一品种更有难度，或者说是更费功夫。每种蔬菜存在特征、性状上的差异，这的确是事实，但如果把基本栽培方法相似的蔬菜归到一类来种植，却可以大大降低难度。

农作物根据栽培季节的不同可以分成四类。具体是：

春季播种，夏季暑热之前收获的春季组合；

春季播种，夏季到秋季之间收获的夏季组合；

夏季到秋季播种，秋冬季收获的秋季组合；

从春季播种一直持续到秋季收获的全年组合。（参照 P6 ~ P7）

不管哪个组合，它们的生长特征都具有共通性。因此根据各组合来分配区域栽培，就可以做好田地的准备与生长期的管理，而且收获完一批作物后可顺畅地替换下一批作物。

根据栽培季节来分配的四种组合，其本质是把栽培方法和特征近似的蔬菜品种归纳为一类。如果是这样简单理解，多品类的栽培说起来也不难了。

冬季收获的蔬菜，里面有各类品种，选择组合栽培，果然简单多了。

"今年该种什么蔬菜呢？"当这种思绪涌上心头时会觉得很兴奋。根据季节和蔬菜种类的不同来分组，许多品类的蔬菜都能简单地一起栽培，真是令人意想不到。

春·夏·秋·全年组合的轮作范例
划分成 3 块不同区域

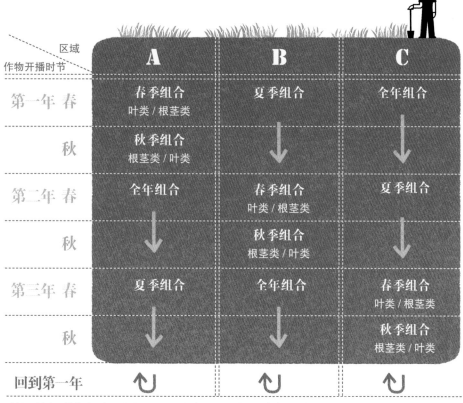

区域 作物开播时节	A	B	C
第一年 春	春季组合 叶类 / 根茎类	夏季组合	全年组合
秋	秋季组合 根茎类 / 叶类	↓	↓
第二年 春	全年组合	春季组合 叶类 / 根茎类	夏季组合
秋	↓	秋季组合 根茎类 / 叶类	↓
第三年 春	夏季组合	全年组合	春季组合 叶类 / 根茎类
秋	↓	↓	秋季组合 根茎类 / 叶类
回到第一年	↰	↰	↰

※ 单个区域内，按春季组合→秋季组合→全年组合→夏季组合的顺序进行轮作。

※ 在春、秋两季，春季组合与秋季组合的叶类 / 根茎类蔬菜，耕作场地可互相交换。

同一个区域，持续种植相同的蔬菜和同科属的蔬菜，会发生连作障碍，影响蔬菜的健康成长。

茄科和葫芦科等蔬菜尤其要注意。卷心菜和白菜等十字花科的蔬菜也要避免连作。

可以轮作形式作为有效的对策，按顺序移动蔬菜的耕作区域。把作物分为四个组合来规划，这样的轮作计划比较容易制定，很有优势。

上图所示的轮作范例可供大家参照。

茄子、青椒、黄瓜作为夏季组合来区划。随着其生长，逐渐形成田地里的轮作规律。

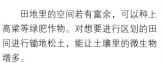

田地里的空间若有富余，可以种上高粱等绿肥作物。对想要进行区划的田间进行锄地松土，能让土壤里的微生物增多。

春 季组合　3~4月 开始

这个组合的蔬菜喜爱凉爽气候，耐暑力弱，最好在高温、高湿的梅雨季来临前收获。播种适合在 3~4 月进行，这段时间蔬菜容易发芽，虫害少，而且生长速度快。如果能够活用拱棚或地膜等农用设施，可以更早进行播种。万一播种太迟，夏季到来时还未收获，那就要注意避免暑热的伤害了。为了增收十字花科的蔬菜，可以在田间一起种植菊科的莴苣和五加科的人参等作物来维持平衡。

小型叶类
小松菜、壬生菜、青梗菜、塌菜、芜菁（以上都是十字花科）、菠菜（藜科）等。

大型叶类
卷心菜、西兰花（以上都是十字花科）、莴苣（菊科）等。

根茎类
白萝卜（十字花科）、人参（五加科）等。

夏 季组合　5~6月 开始

从夏天开始到秋天，能带来丰收的夏季组合。很多蔬菜都通过逐渐成长而结出果实，但番茄和土豆却例外，它们需要足够的肥料和养分。因为有机肥料效果比较缓慢，在认真添加基肥后，尽早追肥是关键。在初春播种的蔬菜，适合发芽的温度以及育苗的温度都偏高，因此宜使用温床、温室或者拱棚来提升环境温度。为了维持作物的平衡，相同科的蔬菜不要集中在一起，最好将茄科、葫芦科和其他夏季蔬菜混植在一起。

果类
茄子、灯笼椒、辣椒、番茄（以上都是茄科）、黄瓜、南瓜、西瓜、苦瓜（以上都是葫芦科）等。

叶类
帝王菜（椴树科）、木耳菜（菊科）。

根茎类
土豆（茄科）。

秋
季组合
8~9月
开始

叶类和根茎类蔬菜虽然都是从初春开始栽培，但夏季到秋季之间也可以耕作。值得注意的是，春秋两季的培育重点是有区别的。秋季时首先要把握播种的最佳时期，播种太迟会导致作物到了寒冷时节发育不完全。其次是预防虫害，特别是在气温比较高的9月之前，虫害的概率很高，所以这个季节播种太早也容易失败。为了让茄科蔬菜增收，可以像春季蔬菜组合那样，在田间混合栽种如菊科的小叶茼蒿和五加科的人参等作物。

小型叶类
小松菜、壬生菜、青梗菜、塌菜、芜菁(以上都是十字花科)、菠菜(藜科)、小叶茼蒿(菊科)。

大型叶类
卷心菜、西兰花、白菜(以上都是十字花科)、莴苣(菊科)等。

根茎类
胡萝卜(伞形科)、白萝卜(十字花科)。

全年
组合
3~6月
开始

全年组合的蔬菜，虽然长时间占据着田地，但是对于田地本身来说这是件好事。

因为肥料和养分逐渐减少，感觉如果继续种植蔬菜就要先好好休整下田地。但对于维持田地的平衡，全年组合的作用是很大的。如果田地不肥沃且干燥就可以种红薯，如果土壤湿润就种芋头，如果土里残留了未熟的堆肥就种大葱。通过栽培各种适应不同土壤特质的蔬菜，都能帮助土壤逐渐变得更优质。

红薯(旋花科)
在不肥沃的田里也能很好成长，可以放在吸肥力很强的禾本科作物之后种植，如玉米和小麦。

芋头(天南星科)
喜好湿润的田地，从春季到秋季缓慢成长、变大。

大葱(百合科)
土壤里施放了未熟的堆肥也不成问题。要迎合作物的生长进行培土，整地时要深耕细作。

保持田地的多样性

◎在准备过程中,要敢于"不准备"

左起分别是黄瓜、青椒、茄子的田垄。大胆地用高度不同的蔬菜相邻组合在一起。

观察那些令人感觉不错的农田,可以发现它们在规划好的状态中,融入了一些出人意料的"不准备"部分。

比如说夏季的蔬菜,不只是按照蔬菜的高度来排列种植,而是把比较高的和比较低的蔬菜进行混植,营造出"不准备"的随意感。

田地里一旦形成固定生态规律,将成为无论哪个种类都能够生长发育的环境。

另外,用来支撑和避霜的竹竿、木枝等自然材料,架设在这种"不准备"的田地中,能加固构造,帮助蔬菜顺利应对强风暴雨。

◎采用多种方法比只用一种方法更好

有机栽培没有什么终极技术,比起寻求一个最佳方法,更建议大家多尝试各种各样的方法。

就拿播种来说,即使不使用农药,选择一个合适的日子播种也能收获美好状态的植物,不过有的年份气候或虫害异常,就不能保证蔬菜百分之百顺利成长。

因此,分多次播种,可有效提升在不限时期内收获新鲜蔬菜的可能性。

在养成方法和管理操作上,专业农户对同一种作物会采用多种不同方法处理,同时也重视对田地多样性的保持。

分时间段推移播种的人参田地,尽可能分散了气候灾害和虫害发生的风险。

◎认真观察蔬菜和生物

叶片背面的黄色瓢虫

与往年相比，今年不知怎么收成不错或者感觉没有什么坏事发生？一旦明白了这些抽象感觉中的道理，种植蔬菜的技能就会飞速提升。

照片里是只黄色的瓢虫，乍一看到以为是害虫，其实这是生病的茄子上专食病菌的益虫，有这种虫，病害就不会继续扩散了。

叶片背面和作物的根部也需要认真观察，在不使用农药的田地里，这些小生物努力维持着环境平衡，想要发现它们的踪迹需要偷偷在一旁安静等待。

◎利用身边的有机材料

有机材料里存在着微生物，田地周遭能够获得的稻草、落叶、竹子、米糠等有机材料反映了其地域的特性，它们与有益微生物的生存状态密切相关。当然，其中也会存在一些有害的微生物，它们共同维持着生态的平衡。

比如在米糠里，微生物不太多，但其所含的肥料如发酵菌十分丰富。此外，其中的土著菌虽然数量不多，但是在自然界生存力强大，值得被利用起来。

另外，覆盖用的麦秆可以通过在田地周围种植小麦来获得，多余的还可以用来铺在田间通道上。（参照P36）

11月播种，6月收获的小麦的麦秆（左上图）；作为堆肥材料的落叶（右上图）；利用稻草为豌豆防寒（左下图）；米糠作为波卡西堆肥的材料用来追肥（右下图）。

考虑配土的时候，一般最先考虑的是肥料成分，但其实对作物生长环境更为意义重大的是排水。腐叶土中含有大量分解有机物，不仅排水性良好，保水性也不错，是作物理想的用土。

田地土壤排水性变差的原因有：

①土壤是黏土质；②土地比较低矮；③土壤形成了犁底层等。针对①和②的情况，可在田边垄旁挖出流水的沟渠，另挖一处深穴，将水都引往此处，这样遇到较大的降雨也能帮助排水。

针对③的情况，虽然深耕土地是最佳的对策，但做起来确实很费力。除此之外，

栽培直根性的作物来疏松土壤也是个好办法，比如栽种牛蒡、玉米、小麦等作物就很有效果。建议对土壤进行定期检测，看看其中哪种成分比较突出，哪种成分最低，将这个检测结果作为之后施加肥料方案的参照。

※ 土壤检测：职业农民为了解田地的健康状态，通过多种渠道进行相关测定。家庭菜园里其实只要测量 pH 值，氮、磷、钾的含量就够了。除了选择市面上出售的简易测试工具，也可以请当地的农业合作社来检查。

牛蒡的根部能够生长到土壤深处，收获之时也对其周围土壤的犁底层进行了深耕（左图）。

玉米不仅长得高，根也会往深处延伸，还能吸收土壤中多余的肥料（右图）。

配土各部分的重要性图示

排水　肥料　微生物

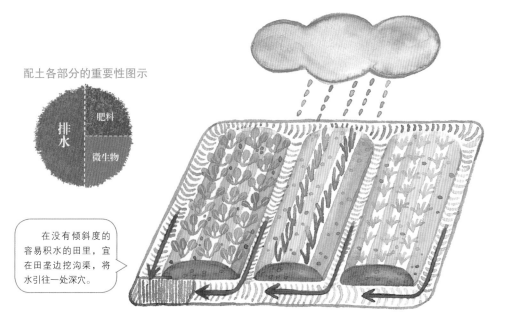

在没有倾斜度的容易积水的田里，宜在田垄边挖沟渠，将水引往一处深穴。

刮风下雨，酷暑寒冬，把缓和这些残酷自然环境作用的"缓冲空间"加入到农田中，对有机栽培蔬菜太重要了。比如给田地覆盖保温和防风的无纺布覆盖膜；准备好用来应对4~5月的迟霜和冰雹的网子或者无纺布的拱形棚；使用防止土壤干燥的地膜；还有防御害虫的防虫网等各种"缓冲"方式。

除了灵活利用市面上出售的农业材料，也可以有效利用自然资源。比如在蔬菜周围种上一圈长长的高粱来挡风，在蚕豆旁边种上小麦以引来蚜虫的天敌瓢虫。如果不使用地膜覆盖田地，就直接铺上稻草，能让更多的微生物安居于此，使田地土壤变得更优质。

此外，融入了自然素材的"缓冲空间"，让人感觉很舒心。

覆盖上麦秆和稻草，既可以防止杂草丛生，又能保持土壤水分，还有利于微生物的增加。

避免虫害的防虫网在定植的同时挂好。

生长得很高的高粱既可以为田地挡风，又能引来蚜虫的天敌瓢虫。

优化土质的豆类和麦类

毛豆等豆科植物的根上附着了根粒菌，能够吸收空气中的氮，使土壤变得肥沃。另外，禾本科的麦类植物因为吸肥力很强，可以吸收土壤中多余的肥料成分，对生态系统失衡的田园土壤起到重建作用。

毛豆等豆科植物根部的颗粒状物中生存着根粒菌。

有必要使用专业工具给小麦脱壳，这样收割后还能够收集麦秆来作为覆盖物，真是一举两得。

如何有效地持续栽培美味作物

如果所有的种植操作都能百分之百顺利，那么所有的蔬菜都能长得茂盛又好吃，这其中需要付出很多辛劳，每个操作过程都要投入自己的精力，其中的诀窍我们最好也熟记于心。

蔬菜在配土和栽培上的基础技术基本是相通的。可是，如何让作物长得茂盛又好吃，这涉及了品种的选拔、播种的次数、追肥、集存方法等，品种不同，各个环节的重要度也有差异。

下图把蔬菜分为了果类蔬菜、叶类蔬菜、结球叶类蔬菜、根茎类蔬菜、薯类蔬菜，也标出了每个类别各种操作重要性的大致比例。

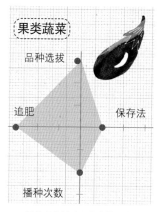

虽然速效性追肥的制作和使用方法都比较难，但定期施加波卡西堆肥等迟效性的肥料并不难。可以种 2 个以上的品种。

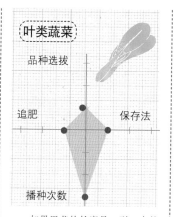

如果田垄的长度是一列 3 米的话，一周内分 5 次来播种，每次间隔 60 厘米。叶菜的收获时期大约为 1 周，可以长期享受收获的乐趣。

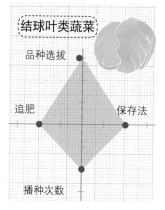

因品种的不同，生长期也大不相同，比如卷心菜在 7 月下旬到 8 月下旬分 2 次播种，每次播 3 个品种，能让田园更具多样性。

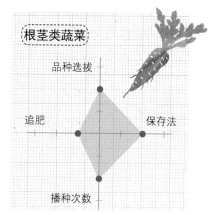

播种期要注意不同品种的抽薹性。如果选择能在冬季收获的品种，只要认真做好培土等越冬措施，冬季也能收获。

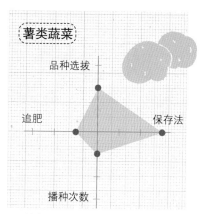

培育土豆的话，在收获后应当放在通风阴凉地保存，推荐种植秋季之后出味的品种"丰城"（日本品种）。若分开播种，全年都能享受收获的喜悦。

第二章

果类蔬菜

番茄

茄子

灯笼椒

红辣椒

黄瓜

南瓜

节瓜

苦瓜

西瓜

秋葵

玉米

四季豆

毛豆

蚕豆

荷兰豆

大豆

芝麻

番茄

家庭桃太郎

[茄科]

种植难易度 | 简单 | 一般 | 较难 | 难

关键是控制好肥料和水分，选择容易栽培的品种。

■ 推荐品种

桃太郎（ホーム桃太郎）的苗培育过程简单，它的魅力在于只要经过长时间耐心地培育就能够丰收。

丽夏（麗夏）是耐病性较强、比较好养的品种，味道跟桃太郎很相似，根据栽培方法的不同，它的酸甜度也会存在差异。

■ 栽培的日程表

收获美味果实的时间段

2个月

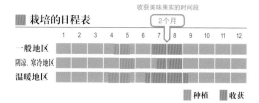

	1	2	3	4	5	6	7	8	9	10	11	12
一般地区												
阴凉、寒冷地区												
温暖地区												

■ 种植　　■ 收获

■ 家庭菜园的耕作基准

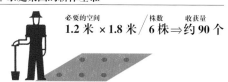

必要的空间
1.2米×1.8米／株数 **6株**⇒收获量 **约90个**

■ 专家教你栽培要诀

说起夏季蔬菜，最受欢迎的非番茄莫属，种上一两行番茄也许挺简单，但到了4行以上种植难度就越来越大了。为了能够培育出番茄的酸甜口感，做好下面这些事项都很重要：尽量减少肥料量；覆盖遮雨棚，限制水分的吸收；摘掉不必要的腋芽；另外，因为番茄品种很丰富，所以一定要选择好栽培的品种。

1 配土

如果给予番茄过多的养分，它的茎叶就会发育得很茂盛，从而影响到果实的成长。为了防止发生这样的情况，在施放波卡西堆肥时只给予常规比例以下的分量。

一句话建议

波卡西堆肥，是用米糠和麦麸（小麦的外壳）等有机物制作发酵而成。整片田垄每1平方米放500克就能很好地发挥作用。

如果放多了肥料怎么办？

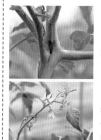

在栽培番茄时，肥料过剩不仅会引起结果情况恶化，还会提高虫害发生的概率。处于营养过剩状态下的番茄会出现这些症状：比如茎部会变得肥大（上图），长出新的生长点；或者花房尖端继续生长出叶子（下图）。需要补充说明的是，如果肥料放得太少，会导致番茄味道很酸。

2 田地的准备

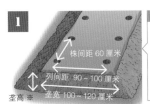

株间距 60 厘米
列间距 90~100 厘米
垄高※
垄宽 100~120 厘米

※ 排水好的耕土，土高 0~5 厘米的平垄
排水差的耕土，土高 10~20 厘米的高垄

番茄的植株可以生长到很高。枝叶很容易混杂到一起，因此要确保株间及列间有足够宽阔的空间。

一句话建议
番茄不适应湿气重的环境，因此需要把田垄填高，使排水性变好。如果田地本身排水性不错，那也可以直接用平垄。

一句话建议
铺上银色地膜是预防蚜虫的好对策，而黑色地膜治理杂草很有效果。

立垄后就可以铺上地膜了。地膜除了可以预防下雨时泥水溅起引发的病害，也能有效防止土壤中水分含量产生急剧变化。

3 移栽

一句话建议
市场上有很多番茄的早期小苗出售，如果购入了这种小苗，最好是把它移栽到稍大的花盆里，等它长到足够大，再移栽到土中。

适合进行移栽的时期：从苗茎部枝干变得粗壮开始，到第一花房的花开之前。

移栽前，给苗浇足水，让其根部被水分浇透即可。

一句话建议
使用嫁接苗时，刻意深植效果不见得好。要保持根土团的表面与田垄的表面高度一致。

在地膜上开穴，挖出一部分土，将苗栽入其中再压紧周围的土。可以埋到第一对叶子的深度。

种好之后给植株基部浇上足够的水。为了防止干燥可在上面轻轻覆盖一层土。

利用伴生植物

罗勒与番茄的伴生性很好，在田地和株苗间种上罗勒后能促使番茄苗生长得更好。罗勒也是做番茄料理时的绝配，可谓一举两得。

4 立支柱 & 诱引

1

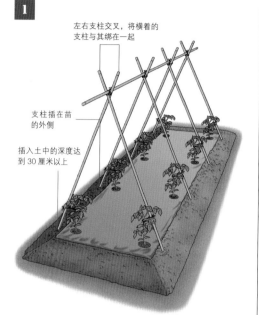

左右支柱交叉，将横着的支柱与其绑在一起

支柱插在苗的外侧

插入土中的深度达到30厘米以上

番茄因为长得高，支柱架好后，能够稳固地支撑番茄植株。若栽种两排番茄苗的话，可以在左右两边架立交叉支柱。若只种一排的话，每株也可以对应用一根直立支柱来支撑。为了不伤到作物的根系，建议从移植前开始到移植后的一周内把支柱架好。

2

一句话建议

诱引时，考虑到茎部之后会长粗，应当预先在茎侧保持足够的余地，打上"8"字结即可。（参照P22的图4）

为了迎合番茄的生长，将茎绑在支柱上进行诱引。

这么做不费力

栽培番茄过程中，诱引和整枝是最需要花功夫的。因此可以采用下吊式省力。另外，最好试着做个遮雨棚。

番茄田的遮雨棚能够预防很多问题的发生，制作也很简单。园艺店有一片式遮雨布出售，使用起来非常便利。

捆结从遮雨棚上部的管架开始，绑绳下吊连接到番茄植株的底部。这不仅起到了支撑作用，还有诱引功能。

迎合番茄的生长，在主枝干上捆结。结不能过紧，关键是要留出余地。

与土豆分开栽种

番茄和土豆同属于茄科的蔬菜，如果轮作的话，可以把它们放在同一组就近栽种。只是土豆在接近收获期时易发生长势衰弱的疾病，这种病在移栽番茄苗时也容易发生，所以番茄与土豆最好是分开栽培。

也有一种方法是趁土豆发病前将其全部挖出。

5 腋芽的修剪

一直到摘芯时期为止，主枝和叶子旁边会一直长出腋芽，应该全部剪掉腋芽，只留下一根主枝。如果不这么做的话，养分就会被枝叶吸收，无法长出好果实。

如何让根系生长得更好？

因为初期不论是腋芽还是根都没有长好，为了不让植株倒下，可以推迟一点剪腋芽。进入8月生长稳定之后再摘芯，这时腋芽开始伸长。根系发育好让植株生命力更加持久。

6 防止干燥

一句话建议

要注意在田间除草时不伤到长大后的番茄苗根。只要将土壤表面的杂草割除就可以了。

梅雨季开始之后，番茄变大，根也向地下四周延伸。最好在田间用稻草等覆盖物来预防干燥。铺稻草之前要做好田间的除草工作。

田间铺上稻草等覆盖物，除了防止干燥外，也可以有效抑制泥水溅起引发的相关疾病。

一句话建议

设置了遮雨棚的番茄田，也可以使用稻壳作为田间铺垫物，但要确保雨水不会从四周流入。

7 收获

接近下方的果实全部变成红色后即可开始收获。

收获时用手扭动果实，从果柄上摘下来，操作很简单。

一句话建议

在同一段结出大量果实会让植株感到疲惫，建议只留下3个左右大果实，其他的全部摘下来。用剪刀收割的时候，只要剪下短短一截果柄，这样就不会伤害到其他果实。

容易栽培的迷你番茄

大番茄栽培起来比较难，但是栽培迷你番茄就简单多了。不怎么需要费心管理，注意在品种选拔时，选择对叶霉病有耐病性的品种，就可以放心栽培了。另外，也可以同时种上两株，延长收获期。进展顺利的话，能在霜降之前收获。收获之际，就像照片中展示的这样，简单地扭动果蒂摘下果实即可。其栽培方法与大番茄是一致的。

8 摘芯

主枝干可以延伸到支柱的高度，大约长到第五段生长节点开花。因为靠近上端的枝干比较难培育，因此切断主枝顶芽（摘芯），营养就能回流到果实里。如果已经摘完芯，就不用修剪腋芽了。对于迷你番茄，延伸出来的腋芽也能结出大量的果实。

叶霉病是番茄的大敌

大番茄容易发生病害，要特别注意保持通风。梅雨季节枝叶混杂在一起时容易发生叶霉病。除了减少对腋芽的修剪外，摘掉植株下方衰弱的叶子也是应对措施之一。不过关键是选苗的时候，购买对叶霉病有耐病性的品种。

叶子上面出现灰色的病斑，就是叶霉病的症状。

持续丰收美味果实的诀窍

 断水能增加甜度

农户可以使用塑料大棚，家庭菜园的话最好是使用小型遮雨棚。

抑制水分后，枝干长出的细毛能吸收空气中的水分。

因为番茄原产于比较干燥的地带，所以不太适应潮湿的环境。控制好水分的吸收，一方面能防止它的表皮被割伤，另一方面也能增加甜度。

 增加高度，延长收获期

入门者如果能够收获五层高的果实就已经算很成功了。随着经验的累积，上层再稍微多留点果实的话，就能享受更长时间的收获。只是摘上层果实比较麻烦。如果之前采取下吊方式，只要解开绳结，整条枝就会下落，轻松地解决了摘果实难题。

茄子

[茄科]

种植难易度　簡单　一般　较难　难

在追肥和收获时下功夫，就能长出长果实。

■ 推荐品种

　　黑米（くろべえ），是中长型的茄子，具有往上翘立的特性，适合在栽培时利用网子支撑。千两二号（千両二号），其植株的开展度大，推荐用3根支撑柱来支撑。

■ 栽培的日程表

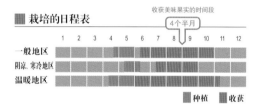

收获美味果实的时间段

4个半月

	1	2	3	4	5	6	7	8	9	10	11	12
一般地区												
阴凉、寒冷地区												
温暖地区												

　种植　　收获

■ 家庭菜园的耕作基准

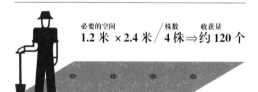

必要的空间	株数	收获量
1.2 米 × 2.4 米	4 株 ⇒	约 120 个

黑米

■ 专家教你栽培要诀

　　栽培出大茄子的基础是要给足充分的肥料。首先是基肥必须充分施放，对于施肥见效比较慢的有机栽培而言，追肥也是重点。另外，移栽时要注意防风，最好避免移栽当日或次日有强风天气。整枝也很重要，可使用支柱或网子来完成整枝。

1 田地的准备

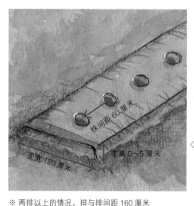

株间距 60 厘米

垄宽 120 厘米　　垄高 0～5 厘米

栽种前两周，每平方米堆肥 2 千克，周围施加波卡西堆肥。耕地立垄，覆盖好地膜。

> **一句话建议**
>
> 充足的肥料是很有必要的，在基肥里增加堆肥和波卡西堆肥。最好用黑色地膜，可以减轻除草的工作量。

※ 两排以上的情况，排与排间距 160 厘米

2 移栽

1

　　移栽选在没有霜冻发生的时节。趁两对真叶还没有变黄且尚未开花前移栽嫩苗。

一句话建议

选择在花盆里的根非常密集时进行移栽，根系生长恢复得也会快些。当发现根部如右图那样开始卷曲和老化时，其之后的生长可能会变得滞缓。

移栽幼苗前，要预先充分浇水，分开多次淋水，让土壤充分被水浸透。

在地膜上开洞，用手轻轻挖出穴，把苗埋在浅穴里。浅植更有利于茄子的发育。植入时尽量将根土团的表面与地面贴近，然后轻轻按压紧植株底部的土壤，再用细嘴壶给根土浇水，这也叫作"洗根"。

一句话建议

浇水时要浇到根土团表面的土被冲开，能看到根即可，这样更有利于根的附着。

"洗根"后，要趁根部干燥之前覆土，土要覆盖到基本看不到根的程度。

移栽后一周以内，把长度约120厘米的支柱竖立在根土外侧。此时还不可以通过捆绑来进行诱引。

一句话建议

如果刚开始着根就立支柱，会伤到根部。另外，诱引要等待植株发育到一定程度才能进行。

3 整枝

在第一轮花要开未开时进行整枝，大约是移栽之后的 3 周，5 月下旬到 6 月上旬。

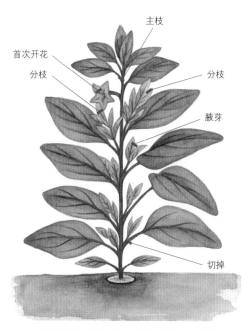

一句话建议

首次开花结果会给植株带来负担，生长初期最好让植株能够无负担地轻松成长。

摘除第一轮花，从第二轮开花再开始收获。

摘掉第一轮花的同时，留下主枝和 2 根腋芽，把其他腋芽全部去除，之后可以放任不管剩下的 3 根枝条上长出的腋芽。

植株生长到这种程度，可以轻松地用绳子将茎部绑到支柱上，绳子最好打上"8"字结，因为茎部会变粗，所以不能系太紧，系结时需要给茎部留有足够空间。

首次开花的主枝，顶端下方会生长出 2 根腋芽，将其以下的腋芽全部摘除。

主枝

首次开花

分枝

分枝

腋芽

切掉

4 追肥

一句话建议

追肥并不是将肥料埋入土中,而是撒在田间通道上。尽早撒有机物,让其慢慢地分解。到了必要时候,可以使用其他肥料来延长效果。

追肥与整枝同时进行。除草之后撒上麦麸或米糠。在每株的左右通道上撒约 800 克。如果手头没有麦麸、米糠也可以用油枯,但是为了避免其吸引昆虫需要控制分量。

追肥之后,在上面铺上稻草,能防止土壤干燥,起到保持地温和抑制杂草的作用,也为雨后在田地作业提供了便利。

没办法弄到稻草怎么办?

稻草在集市之类的地方有卖但是价格比较贵,从农户家买入比较划算。推荐收集蒲苇之类的稻类植物,趁其结种前采割下来使用。还有玉米和高粱等作物,收割后放在屋檐下存放,必要时可以拿出来铺地。

5 张网

为了支撑植株,在田垄的核心地带竖立支柱,覆盖一层花网(家庭菜园可用大孔的黄瓜网代替)。

这么做不费力!

使用花网的话就替代了诱引的作用。网子的高度不能设置太高或太低,6 月下旬枝尖稍微冒出来的高度刚好适合铺设网子。

没有花网怎么办?

株数不多的话,可以将 3 株主枝沿着支柱树立,很好地利用支撑柱来诱引生长。

准备好 3 根 2 米长的支撑柱,插入地面深度 30 厘米左右,以此诱引主枝的生长。

巧妙利用伴生植物

茄子的植株间栽种唇形科的罗勒可以大大降低害虫数量,因为二十八星瓢虫这种食叶害虫非常讨厌罗勒的香味。另外还可以在茄子田地周围播种作为绿肥使用的作物,如日本品种速生高粱和米高粱,它们作为伴生植物,夏季长高之后可以挡风,还能引来很多害虫的天敌。

(上图)夏季长大的罗勒。在育苗盒里培育出罗勒幼苗后,再移植到茄子的植株之间。

(下图)在移植果类蔬菜时,可以直接在田里播种小麦,每处 3 粒左右,间隔 15～18 厘米,之后也不需要间引,可直接放任其生长。

6 收获

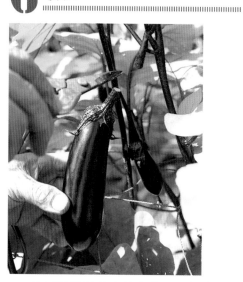

为了保持植株生长态势，要趁着果实还比较小的时候一个个摘下来。中长型的茄子长到100克（长度约10厘米）左右就可以收获了。

一句话建议

旺盛期的茄子长得飞快，一天能收获一次。茄子长得太大会伤到植株，如果你只在周末有时间收获的话，尽量连小茄子也一起全部采收。

7 摘芯

如果主枝生长得太高，就会增大收获难度。切断主枝，剪成适当的高度，抑制其往高处生长，之后就会从下端长出侧枝、结出果实。

果蒂和果实变成软质

叶蝉类和蓟马类（瓜蓟马）附在作物上吮吸汁液。到了8月份这种情况会增加。

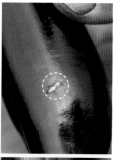

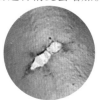

受到蓟马类的虫害后，一部分果皮开始软化。

如果发现藏在果实下方的棕黄色瓜蓟马幼虫，请用手消灭它。

叶面出现白色斑点

叶蝉类害虫吸食植物汁液之后，会将叶子的色素吸走，以致出现白色斑点，严重的话还会造成叶子掉落。这多发生在梅雨季节开始后，气温升高时。若虫害很多的话，叶面会覆盖丝网。

（左上图）被叶蝉类害虫吸食汁液的叶子出现了白色斑点。

（右上图）在叶子内侧吸食汁液的叶蝉类害虫。

（下图）用手摊开叶子内侧，消灭害虫。

持续丰收美味果实的诀窍

 侧枝结出的果实，连枝一起收获

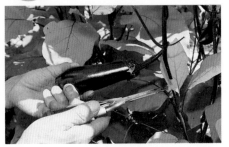

长在 3 根主枝上的果实可以直接摘下来，之后主枝会继续伸长。只是从主枝长出来的侧枝所结的果实很难长大，因为枝叶混合在一起生长吸收了大量营养。遇到这种情况更好的处理方式是，当侧枝结出果实后，收获时将其一起摘下，使其停止生长，从而促进新侧枝的生发。新生侧枝上的果实会较快成熟且口感更棒。

主枝
直接收获果实
分枝
侧枝
收获时一起切掉侧枝
侧枝上长出的果实

留下一个腋芽，其他残留的枝干都可以切掉。这样会促进新侧枝的生发，从而结出果实。

 一处开了两朵花时要摘花

当植株还处于比较幼嫩的阶段，有时候一个地方会开出两朵花，这样结出的果实可能会有一个形状不好，所以尽量提前摘掉一朵花，尤其是摘掉长势弱一点的花为宜。

 去除没有用的下部叶片

把处于阴处的叶片，有虫害的叶片，目测染病的叶片等这些无法进行光合作用的叶片都摘掉。可以通过改善通风和其他叶片的受光情况，促进植株健康生长，尤其是在高温潮湿的天气。

25

灯笼椒

[茄科]

种植难易度 简单 一般 较难 难

做好追肥和水分管理，到晚秋就可以收获了。

■ 推荐品种

爱司（エース），虽然在灯笼椒各品种里它结出果实的数量相对较少，但其较长的中等狮子头形状果实，具有果肉厚实的特点。因为在肥分比较少的环境下也能顺利培育，所以该品种也适合刚开始尝试有机栽培的入门者。

■ 栽培的日程表

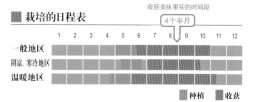

收获美味果实的时间段

4个半月

	1	2	3	4	5	6	7	8	9	10	11	12
一般地区												
阴凉、寒冷地区												
温暖地区												

■ 种植 ■ 收获

■ 家庭菜园的耕作基准

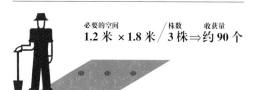

必要的空间 **1.2 米 × 1.8 米** / 株数 **3 株** ⇒ 收获量 **约 90 个**

爱司

■ 专家教你栽培要诀

栽培的要诀跟茄子基本一致，因此充足的肥料是很有必要的。需要注意的是，有机肥见效比较慢，所以有必要进行追肥。比如栽种一个月后，将麦麸和米糠撒到土表面的话，能够延长有机肥料的效果，也能有效防止盛夏时的土壤干燥。

1 田地的准备

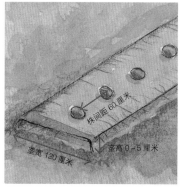

最晚在移栽的两周之前，每平方米堆肥2千克，周围施加波卡西堆肥500克。耕地立垄，覆盖好地膜。

株间距 60 厘米

垄宽 120 厘米

垄高 0～5 厘米

※ 两排以上的情况，排与排间距 160 厘米

2 移栽

1

移栽的具体步骤参照茄子的。重点是要稍稍浅植。

摘除腋芽的时机是第一轮花开至结果期间。

摘除腋芽时，将主枝靠近支撑柱进行诱引，打上"8"字结，为茎部留有生长余地。

在移栽后的一周内可以竖立起支柱。支柱如果太靠近根部会伤到根系。诱引最好在整枝时进行。

3 整枝

首次开花（果实）

腋芽

切除

整枝的重点是留下顶端根枝干。当主枝开了首轮花，留下靠近其下方的两根腋芽，从植株底部生长出来的腋芽可以全部摘除掉。

4 追肥

一句话建议

追肥在移栽后1个月进行，5月上旬移栽的话，6月上旬追肥。如果稍有延误，最好使用波卡西堆肥。

整枝时适合追肥。首先给左右通道除草，然后撒上麦麸和米糠，以每株周围撒约800克为基准。

5 防止干燥

追肥的时候，为了防止干燥可以在通道上覆盖稻草。密集厚实的覆盖物还能抑制杂草的生长。

6 张网

为了支撑起生长中的枝干，在核心地带竖立起支柱，铺开花网。家庭菜园的话，可以用大孔的黄瓜网代替。

这么做不费力

为了支撑灯笼椒的植株，可以用支柱来进行诱引。不过为了迎合灯笼椒的生长，有必要频繁地在支柱上进行诱引。若使用网子的话，就能节省很多功夫。

栽培灯笼椒的重点是水分管理

在灯笼椒的栽培过程中一个不得不注意的重点就是水分管理。它在果菜类里算是对水分吸收力比较弱的品种，容易受到干燥气候的影响，其果实下端凹陷就是由于干燥。建议移植时在田垄覆盖地膜，夏季暑热时期在田间通道铺上稻草。遇上盛夏持续不降雨的日子，最好在早晨和傍晚浇水。

7 收获

果实变大后植株就容易衰弱，在盛夏季节，最好是每周收获两次果实。

持续丰收美味果实的诀窍

灯笼椒逐渐结出果实后，可以采收比较小的果实，其味道更可口，还可以减轻植株负担，延长收获期。最好以每次收获 30 克，每 3 天收获 1 次为标准进行操作。在雨天采收的话，要注意切割处伤口，因其容易感染病菌，对果实造成伤害。如果适时进行追肥，在盛夏期间要做好水分管理。如果能在果实还不太大时采收，一直到晚秋都能持续收获。

红辣椒

[茄科]

种植难易度	简单	一般	较难	难

摘掉腋芽后，即使放任其生长也能丰收。

推荐品种

鹰之爪（タカノツメ），辣椒的代表品种，栽培简单。干燥之后可以作为做菜的辣椒粉使用。

栽培的日程表

收获美味果实的时间段

3个半月

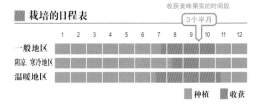

	1	2	3	4	5	6	7	8	9	10	11	12
一般地区												
阴凉、寒冷地区												
温暖地区												

■ 种植　■ 收获

家庭菜园的耕作基准

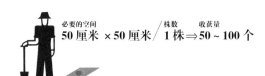

必要的空间	株数	收获量
50 厘米 × 50 厘米	1 株	⇒ 50 ~ 100 个

鹰之爪

专家教你栽培要诀

红辣椒和狮子头辣椒的栽培方法基本与灯笼椒相同，摘掉腋芽后，放任其生长也能丰收，只是重点依然还是水分管理。为了避免干燥，要经常浇水，但也要避免过度浇水。鹰之爪收获后，将其种子干燥，第二年可以用来播种培苗。

收获

※ 栽培的方法跟灯笼椒一样（P26 ~ P28）

红辣椒可以在果实全部变红后收获，也可以在部分变红时收获。为了有效保存，需要注意的是，采摘辣椒时田地要保持干燥，收获后也尽量保持干燥。

与狮子头辣椒分开栽培

如果想把辣味浓重的红辣椒与具有独特苦甜味道的狮子头辣椒放在一起栽培，确实有点压力，因为狮子头辣椒会变辣。但是真心想同时栽培两者的话，也可以分别种在相隔较远的地带。如果在灯笼椒旁边种上狮子头辣椒，则不用担心灯笼椒会变辣。

29

黄瓜

[葫芦科]

种植难易度 | 简单 | 一般 | 较难 | 难

长期收获果实的秘诀是整枝和诱引。

▓ 推荐品种

夏林（滝井种苗），具有美味，收获量多的魅力。抗病力强，难受天气影响，很好栽培。五月绿（坂田种苗），吃起来有叩齿的脆感，但是很容易受到干燥环境的影响。

▓ 栽培的日程表

收获美味果实的时间段
4个半月

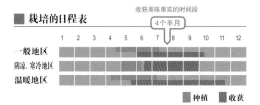

	1	2	3	4	5	6	7	8	9	10	11	12
一般地区												
阴凉、寒冷地区												
温暖地区												

▇ 种植　▇ 收获

▓ 家庭菜园的耕作基准

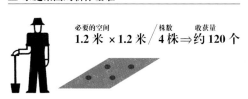

必要的空间　　株数　　收获量
1.2 米 × 1.2 米 / 4 株 ⇒ 约 120 个

夏林

▓ 专家教你栽培要诀

黄瓜培育的关键是对子蔓进行整枝，对生长茂盛的蔓进行频繁诱引。如果不整枝，让其如最初状态生长，会一下子就结完果实，导致收获期匆匆收场。另外，保持适度的肥量也很重要，肥量过多会容易招致疾病，少了的话果实会弯曲。

1 田地的准备

株间距 60 厘米

垄宽 120 厘米　　垄高 0～5 厘米

※ 两排以上的情况，排与排间距 210 厘米

最晚在移栽的两周之前，每平方米堆肥 2 千克，周围施加波卡西堆肥 500 克。耕地立垄，覆盖好地膜。

一句话建议

黑色地膜能够预防杂草，银色地膜能够有效预防蚜虫的侵害。

2 架立支柱

在只能栽种少量株数的家庭菜园里，最好使用简易的合掌式支柱。挂上黄瓜网可以减少诱引的麻烦，诀窍是要选网洞比较小的网子。

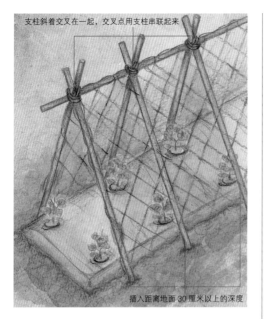

支柱斜着交叉在一起，交叉点用支柱串联起来

插入距离地面30厘米以上的深度

在空间充裕的情况下，搭设黄瓜专用架，再张网，这样栽培起来更容易。

一句话建议

使用黄瓜专用架，能让植株容易受光，也更方便采摘生长在内侧下方的果实。

3 移栽

黄瓜移栽的关键是要选个好时机。当根系长满花盆时最合适，而根系发生卷曲、双叶开始枯黄时就迟了。

在地膜上挖洞，重新浇水后再移苗。

一句话建议

就算稍微深植也要把根露出来，如果是自根苗（非嫁接苗）的话，植株有点徒长时就把它埋入土中，只要露出双叶即可。

移栽之后，轻轻地浇水。

为了防止干燥，在根部覆土，没有必要压实土壤。

31

4 整枝

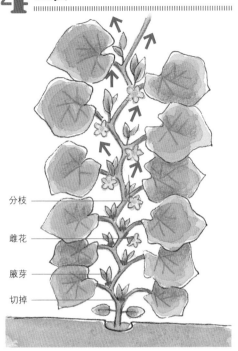

分枝
雌花
腋芽
切掉

从底部起到第六节的腋芽及雌花都要摘掉，从第七节开始在收获果实后可以摘芯（参照 P33），也可以放任其生长，就能长时间收获果实。

趁腋芽长度还在10厘米以内时，从生长节点开始摘掉。

枝干伸展时，通过绑蔓到网子上进行诱引。

一句话建议

铺黄瓜网在一定程度上能够网住黄瓜，但刮风时容易把黄瓜吹到网子外面，所以最好还是用绑蔓来诱引。

这么做不费力

种黄瓜少不了诱引，可是诱引又很费功夫，因此使用园艺用的绑蔓器来作业会轻松不少。如果使用光分解带的话，就是掉到自然环境中也不会产生垃圾。

5 追肥

移栽三四周之后，开始对田间道路进行除草，然后洒上麦麸和米糠。追肥时间以6月上旬之前为基准。追肥后最好在通道里铺上稻草防止干燥。

一句话建议

一般从枝干生长节开始到第一朵雌花的长度为30厘米。比这个短的话表示肥料不足，比这个长的话表示肥料过剩。

6 收获

果实生长旺盛期，一天可收获 2 次，每次相隔 12 小时。最理想的是早晚各收一次。黄瓜就算长到 20 厘米也不会让植株疲惫。要小心被黄瓜表面的刺状突起弄伤手。

一句话建议

水分和肥料的不足会造成果实弯曲。叶片过度密集，日照不足或通风不畅等因素也会造成果实弯曲。为了不让果实吸收多余的养分，当发现小黄瓜时可以尽早采摘收获。

持续丰收美味果实的诀窍

第 1 结出果实后要为子蔓摘芯

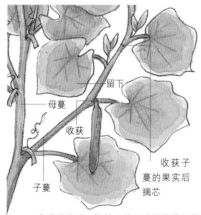

留下
母蔓
收获
子蔓
收获子蔓的果实后摘芯

收获果实后，从第七节开始的子蔓只留下一片叶子

对黄瓜进行整枝，也可以放任第七节以上的侧芽生长。但是使用合掌式的支撑柱时，叶片容易混杂到一起。因此对第七节之上的子蔓，进行摘芯，即在收获其果实后仅留下一片叶子，摘掉蔓尖。这样能有效促进果实的生长。

第 2 7 月播种，享受秋季收获的乐趣

在果类蔬菜中，黄瓜是生长比较快的品种，播种后约 2 个月就能收获。若在 7 月中旬播种的话，可以将种子直接撒在温度很高的田地里，在 8 月下旬至 9 月就能收获。但在容易发生台风的时期，推荐选择地培品种。另外，要在植株底部覆盖稻草防止干燥。

南瓜

[葫芦科]

种植难易度 | 简单 | 一般 | 较难 | 难

栽培一根母蔓就能收获美味果实。

▓ 推荐品种

味平（味平），栽培一根母蔓的话，能收获高粉质和高甜度的果实。早生品种，在梅雨季开始前收获。和尚（坊ちゃん），作为迷你品种，很容易培育。另外还推荐难被阳光灼伤的品种雪化妆（雪化粧）。

▓ 栽培的日程表

收获美味果实的时间段
1个半月

	1	2	3	4	5	6	7	8	9	10	11	12
一般地区												
阴凉、寒冷地区												
温暖地区												

种植　收获

▓ 家庭菜园的耕作基准

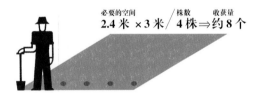

必要的空间 2.4米 × 3米 / 株数 4株 ⇒ 收获量 约8个

和尚

▓ 专家教你栽培要诀

整枝方法因品种而异，一般就板栗南瓜而言，子蔓所结的果实比母蔓的味道差。因此，推荐栽培一根母蔓，每株留两个果实，这是收获美味果实的诀窍。栽培的基础是要控制好肥分，过多则造成只是叶子和蔓生长，结果率变低。

1 田地的准备

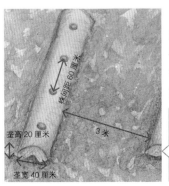

株间距 60 厘米
3 米
垄高 20 厘米
垄宽 40 厘米

最晚在移栽的两周之前，每平方米堆肥 2~3 千克，耕地立垄，覆盖好地膜。

一句话建议

只种一根母蔓的话，单株结出的果实数量少，好处是不需要很宽的株间距离。

※ 栽培一根蔓（株间距为 120 厘米时可以放任其生长）

2 移栽

1

移栽适合在长出 3 枚真叶后进行，若盆中的根系已经开始卷曲就太晚了。

一句话建议

市面上出售的很多苗虽然已经着根，但会出现生长过剩的情况，所以要尽量挑选幼苗。

播种时调整好种子的朝向

南瓜从种子开始培育也不难。播种时调整好种子的朝向，让之后长出的小苗对叶不会互相干扰到。4月上旬，种在播种盒里的种子大约2周就会冒出真叶，此时可以移栽到花盆中，再过2周左右就可以移栽到田地里了。

移栽之前，花盆中的土要充分浸湿，通过大量浇水促进根系扎根生长。

移栽（参照P31）之后为了防止干燥，在植株底部轻轻地覆上土。

为了防止霜冻、刮风、金花虫等危害，应该搭起拱棚并覆盖无纺布膜。注意防虫网并不能防止结霜。

这么做不费力

若栽种的株数不多的话，比起用拱棚无纺布膜，更适合使用塑料盖来栽培，可尽量挑选大点的类型。

苗体为什么长不大？

南瓜在移栽后，苗体有时会发生枯萎的情况，这是由金花虫引起的，它的幼虫会啃噬植物根部，成虫会啃食叶片。为了防止虫害，尽量用无纺布或塑料盖来隔离，当小苗根部发育到相当苗壮的程度，就算遭遇虫害，也还是能继续生长，不会构成太大的问题。

根部疑似被虫害的苗，好像停止了生长。

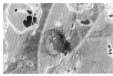

正在吃叶片的金花虫。

3 整枝

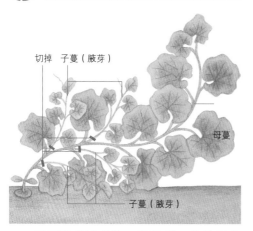

切掉 子蔓（腋芽）

母蔓

子蔓（腋芽）

只要简单地栽培一根母蔓，其他子蔓没有保留的必要。但最好是等到母蔓生长到 60 厘米时，再切除全部的子蔓。

一句话建议

如果不切断子蔓放任其生长也是可以的，但需要选择好种植场所。如果只培育一根蔓，能够有效节省空间，结出美味的果实。当蔓生长到照片中这种程度时进行整枝，根系能生长得更好，使植株更强壮。

4 铺上稻草

铺上稻草有几层不同的意义，首先是起到固定植株的作用，由于南瓜植株不宜被风吹动，如果用稻草打结牵连起来，就能防止其被风吹动。

其次，铺上稻草还能防止杂草生长，避免土壤干燥。当然用柴草铺盖也可以。

一句话建议

如果没有准备好足量的稻草，可从植株底部开始到蔓的三分之二距离内铺上稻草就足够了。蔓尖延伸到了稻草的外面也没有关系。

栽培麦子来保证麦秆的存量

如果田地附近有农家囤积了麦秆就很方便，如果没有确实有点难找。虽然有些地方可以购买到，但如果需求量很大的话，成本就会高。因此，如果田地还有多余空间，最好在晚秋时播种小麦，是保证麦秆存量的好办法。比如种植 10 坪（1 坪 =3.3 平方米）的夏季蔬菜，需要采割 10 ~ 15 坪（33 ~ 50 平方米）的小麦来铺满田地。轮作过程中加入小麦的话，也有利于优化有机栽培的土质。

6 月收割后的麦秆，正好适合夏季栽培蔬菜时使用。

小麦也可以作为生态地膜来使用。初夏播种之后长得不太高时能起到抑制杂草的作用。

5 变色·防止日灼

果实接触到土壤会发生变色或虫害，可以垫上专用托盘来预防。用裂开了的食品托盘来代替也可以。

当强光直射而发生日灼会伤害到果实内部。当茎部开始变黄时正好是果实大小的决定性阶段，最好用报纸包住果实。

6 收获

与果实连接的果柄部分如树皮状枯萎时就可以收获了。一根主蔓细心栽培的话一般有 2 个果实，放任其生长约有 4 个果实。收获之后可以放在通风良好的日阴场所进行追熟。

一句话建议

如果错过了收获的时机，果实部分会发生腐烂现象，需要特别注意。

持续丰收美味果实的诀窍

多品种分别种植，带来长久的乐趣

南瓜经过长时间栽培后容易生病，因此，只精心栽培一根母蔓，等一根蔓结出 2 个果实后尽早收获，这样能够收获口感最好的果实。

想延长收获期该怎么办呢？推荐选择收获时期和保存期均不同的南瓜品种一起栽培，也可以尝试夏季播种、秋季收割的办法，但这样果实口感比较差。

❶味平：早生种，一般在 7 月梅雨季开始前收获，可保存到 9 月。

❷和尚：7 月收获，可保存到 9～10 月。

❸碎冰（自然农法中心）：8 月收获，可保存到次年 2 月。

❹冬至（绿协和）：8 月收获，可保存到 12 月。

❺宿难：8 月收获，可保存到次年 2 月。

❻K7（自然农法中心）：8 月收获，可保存到次年 2 月。

节瓜

[葫芦科]

种植难易度 | **简单** | 一般 | 较难 | 难

要防止踩倒植株导致折茎，可以长期收获。

■ 推荐品种

绿色托斯卡（グリーントスカ），因为茎短所以比较难折茎，栽培简单。diner（ダイナー），长出的茎能长期收获。

■ 栽培的日程表

收获美味果实的时间段

2个月

	1	2	3	4	5	6	7	8	9	10	11	12
一般地区												
阴凉、寒冷地区												
温暖地区												

■ 种植　■ 收获

■ 家庭菜园的耕作基准

必要的空间　　　株数　　　收获量
1 米 ×1.8 米 / 3 株 ⇒ 约 30 根

1 田地的准备

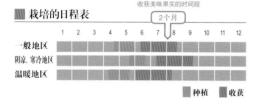

株间距 60 厘米

垄宽 100 厘米

最晚在移栽两周前，每平方米堆肥 2 ~ 3 千克，耕好田地后覆盖地膜。

一句话建议

与南瓜一样，节瓜属于果类蔬菜中需要少施肥料的品种。如果肥料过剩，会导致只有茎叶生长，果实结出情况恶化。

绿色托斯卡

■ 专家教你栽培要诀

因为生长快速，在移栽后一个月左右就能收获。但是因其应对盛夏酷暑的能力较弱，能够享受收获乐趣的时光仅有一个月时间。定植时用无纺布膜或塑料盖遮住苗，提前两周栽种的话，还能延长收获时间。如果在果实上覆土会造成伤害，推荐用地膜覆盖。选苗时尽量选择有 3 枚真叶的幼苗。

2 移栽

当小苗长出 3 枚真叶后就适合移苗了，给苗浇足水后移栽，移苗后再次浇水，为了防止干燥覆盖上轻土。

3 搭拱棚

移栽的同时，用无纺布膜搭拱棚或用塑料盖把苗遮住。

4 人工授粉

繁殖初期，雄花的数量比雌花少，虫类活动还不活跃，尚且不能授粉。这时可以人工授粉，雌花（花与茎连接处已经膨胀）开花，摘下雄花（花与茎连接处尚未膨胀），去掉花瓣（如左上图），将雄花蕊放到雌花蕊上，来回碰触一次（如右图），确定有接触到。人工授粉最好在花开早期进行。

5 摘果

若授粉失败，将没有发育好的果实尽早地摘下，让营养回流到植株。

6 预防折茎

为了让节瓜的植株发育得更大，要避免折茎引起植株倒伏。可以采取架立支柱等措施来应对。

这么做不费力

不方便架立支柱的场合，可以用脚踩压植株使其平卧，从摘下第一轮果实开始，当枝干长到30~40厘米，叶片已经碰触到地面时，就可以小心地使其平卧，只是不能一下子猛踩，一定要缓慢温和地进行。每株花1分钟时间来踩压。

7 收获

不要让果实成长得过大，大约长到30厘米时就可以采摘收获了，做菜吃很美味。每株每周可以收获2根节瓜。照片中是黄色的节瓜品种。

苦瓜

[葫芦科]

种植难易度 | 简单 | 一般 | 较难 | 难

只要防止踩倒植株导致折茎，可以长期收获。

■ 推荐品种

太长，又胖又长的日本原生品种。推荐给喜欢苦味的人。与之相反，苦甜君（ほろにがくん），苦味较少，具有一般人都能接受的苦甜程度。

■ 栽培的日程表

收获美味果实的时间段

3个月

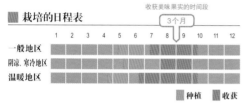

	1	2	3	4	5	6	7	8	9	10	11	12
一般地区												
阴凉、寒冷地区												
温暖地区												

种植 | 收获

■ 家庭菜园的耕作基准

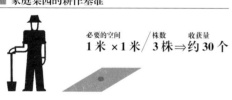

必要的空间 **1米×1米** / 株数 **3株** ⇒ 收获量 **约30个**

苦甜君

■ 专家教你栽培要诀

苦瓜如果在低温时移栽，会长得很缓慢，而到了夏天会迅速长起来，叶片也变得茂盛。因为苦瓜喜爱夏季，移栽时间要比其他的夏季蔬菜稍微晚些，大概5月中下旬开始为宜。苦瓜的栽培期比较长，要多施基肥和波卡西堆肥。单独一株也能收获很多果实，如果多株一起种植，株间距离要保持1米。

1 田地的准备

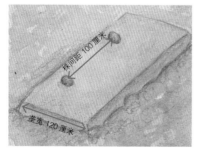

株间距 100厘米

垄宽 120厘米

※ 若使用合掌式支柱，在田的单侧种上一排

最晚在移植的两周之前，每平方米堆肥2千克，周围施加波卡西堆肥500克。耕地立垄，覆盖好地膜。

2 搭立支柱

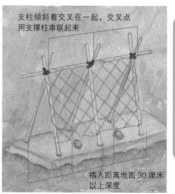

支柱倾斜着交叉在一起，交叉点用支撑柱串联起来

插入距离地面30厘米以上深度

架立合掌式支柱，再挂上黄瓜网。

这么做不费力

挂上黄瓜网，最开始要通过绑带进行诱引，苦瓜长出卷须缠绕在网子上后就可以省去诱引的功夫。

3 移栽

长出三四枚真叶后，最好选择根系长满花盆的幼苗。

重新给苗浇水之后再移栽。

巧妙利用初期的生长延迟

苦瓜移栽时期比其他夏季蔬菜晚一点，因为气温低会生长缓慢。因此我们可以有效活用空间，同一片田里也可以栽种其他蔬菜。比如没有蔓的四季豆，其栽培期短，对苦瓜也没有什么不好的影响。

4 整枝

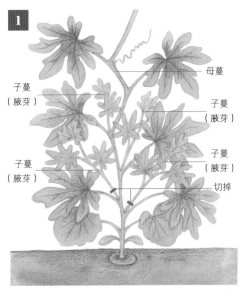

母蔓

子蔓（腋芽）

子蔓（腋芽）

子蔓（腋芽）

子蔓（腋芽）

切掉

在第一次开花前，从下往上起，把伸出来的侧枝切下来两根，之后可以放任其生长。

一句话建议

苦瓜的枝叶生长旺盛，叶片密集地交织在一起就会导致通风变差。只要摘掉腋芽就可以解决这个问题，让苦瓜健康生长。

整枝时，在网子上绑枝诱引，之后，蔓会自然缠绕网子生长，节省了诱引的功夫。

5 收获

根据品种来收获适当大小的果实。比如太长长到40厘米时适合收获，苦甜君长到30厘米时适合收获。

西瓜

［葫芦科］

种植难易度 | 简单 | 一般 | 较难 | 难

重点是人工授粉，放任生长也能收获果实。

红小玉

■ 推荐品种

比起大型品种，小型品种更容易栽培。红小玉（紅こだま），重约 2 千克，手掌大小的小西瓜品种，其味道很甜。大型品种推荐黑太郎（黒太郎），其味道也很甜。

■ 栽培的日程表

收获美味果实的时间段

1个半月

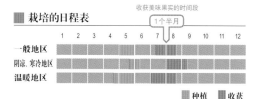

	1	2	3	4	5	6	7	8	9	10	11	12
一般地区												
阴凉、寒冷地区												
温暖地区												

■ 种植 ■ 收获

■ 家庭菜园的耕作基准

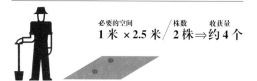

必要的空间　　　株数　　收获量
1 米 × 2.5 米 / 2 株 ⇒ 约 4 个

■ 专家教你栽培要诀

不要以为西瓜很难种，即使只花最少的功夫，也能培育得不错哦。关键是人工授粉。由于接近根部的果实会更好吃，一定要尝试一下亲自授粉。为了享受到美味果实，不错过适合收获的时期也很重要。

1 田地的准备

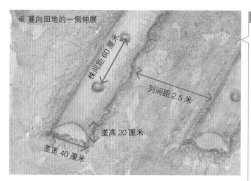

※ 蔓向田地的一侧伸展

株间距 60 厘米
列间距 2.5 米
垄高 20 厘米
垄宽 40 厘米

最晚在栽种两周前，每平方米堆肥 3 千克，立垄后覆盖好地膜。

一句话建议

垄宽比较窄的话，覆膜的宽度也应当相应变窄，以让着根后在旁边铺稻草的空间更大。将植株的卷须连接到稻草上，可以起到防风的作用，有利于西瓜苗初期顺利生长发育。

2 移栽

当幼苗长出三四枚真叶时适合移栽，给苗浇水后，在地膜上开穴栽入，之后少量浇水，为了防止干燥再覆上些轻土。

移栽的同时，用支柱做拱形棚，覆盖上无纺布膜罩住田地。

一句话建议

移苗之后容易受到大风影响以及蚜虫等危害，用无纺布膜罩住拱形棚或用塑料盖遮住幼苗，能有效预防灾害发生。

3 铺稻草

当蔓伸到地膜外面时，就可以在田垄旁铺上稻草了，把植株上的卷须与稻草绑在一起，可以防止被风吹动。这时，将主蔓的朝向调整到与田垄呈直角状，尽量平均分配延展的空间。

4 人工授粉

雌花（花与茎连接处已经膨胀）开放之后，摘下雄花（上图），把雄花的花蕊紧挨雌花的花蕊来回摩擦使其授粉（下图），人工授粉最好在上午进行。

一句话建议

在有大量蜜蜂出现的环境中没有人工授粉的必要。为了植株底部附近结出果实，可以通过人工授粉来进行有效干预。

5 垫上"坐垫"

当果实接触到土壤时容易变色或者遭受虫害，可使用专门的托盘或开了排水洞的食用托盘作为坐垫铺在果实下方。

6 预防鸟害

西瓜很容易遭到乌鸦的攻击，果实长大后可以用报纸包住，在预防鸟害的同时也避免了遭到阳光灼伤。

7 收获

预估适合时期收获（参照下栏）。

持续丰收美味果实的诀窍

第1 根据瓜蒂的颜色进行判断

虽说西瓜的收获期比较难判断，但还是有很多判断方法。基本上，以授粉之后的天数（根据品种的不同，在35～45天范围内）计算不会出错。如果不记得具体天数的话，首先根据连接果实的瓜蒂有没有枯萎来判断，瓜蒂出现茶色条纹也就到了适合收获的时期，但是等到瓜蒂完全枯萎了就太迟了。

果蒂开始枯萎，出现茶色的条纹即到了适合收获的时期。

果蒂依然是青色，表示果实尚未成熟。

第2 根据敲击的声音进行判断

通过敲击西瓜来判断其成熟度是从古代就开始盛行的方法。熟了的话其敲击声会比较低沉，可以同时敲击几个西瓜来选择其中声音最低沉的那个。

第3 通过卷须的状态进行判断

观察从连接西瓜的瓜蒂处伸出来的卷须，如果果实成熟了，绿色的卷须会枯萎。当这些卷须完全枯萎时就可以收获果实了。

能一直保存到初冬的
冬瓜

冬瓜在 5 月下旬开始移栽，初期发育比较缓慢，着根后可以放任其生长。主蔓和子蔓都能结果，每株 5～6 个，多的时候可以采摘到 10 个果实。可以一直保存到初冬食用，这也是冬瓜的独特魅力。虽然普通冬瓜品种会结出相当大的果实，但还是推荐更容易做成料理的迷你品种。

蔓的缠绕固定方法与西瓜一样，铺稻草是关键。

「能像西瓜一样栽培的蔬菜」

能自制成美味果干的
葫芦瓜

葫芦瓜的移栽在 5 月中旬进行，其比冬瓜发育得快些，可以不用整枝，放任生长。每株能收获约 2 个果实，把收获的果实切开后去籽，用削皮器把果肉从内侧开始削成条状，然后在太阳天晾干，就能做成自制果干。在其果皮比较软的未熟期采收，既不会伤到指甲，果肉也更容易削去。

太阳天把条状果肉悬挂起来晾干，做成果干。

秋葵

[锦葵科]

种植难易度 | 简单 | 一般 | 较难 | 难

多株种在一起时，无需间苗就能够收获柔软的果实。

■ 推荐品种

青空Ｚ（ブルースカイＺ），树长势强盛，很少枯萎。星光（スターライト），很难结出形状变异的果实，果实外形都很漂亮。

青空Ｚ

■ 栽培的日程表

收获美味果实的时间段

3个半月

	1	2	3	4	5	6	7	8	9	10	11	12
一般地区												
阴凉、寒冷地区												
温暖地区												

■ 播种　■ 收获

■ 家庭菜园的耕作基准

必要的空间　60厘米×1.8米　/　株数　12株　⇒　收获量　约240个

■ 专家教你栽培要诀

秋葵喜爱高温，最好在5月中旬地表温度回升时播种。发根能力很强，建议直接把种子播到田地里。生长初期容易引来蚜虫，若幼苗发生问题，马上追播一批种子，生长到一定程度就可以放任不管了。在果实变硬之前，就可以频繁地享受收获的乐趣了。

1 田地的准备

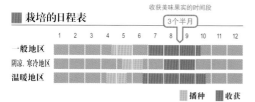

株间距 30 厘米　列间距 50 厘米　垄宽 60 厘米

最晚在栽种两周前，每平方米堆肥2~3千克，立垄后覆盖好地膜。

一句话建议

因为其喜爱含有矿物质成分的土壤，也可以施加波卡西堆肥。

2 播种

每处播种三四粒种子，直接种到田地里。

一句话建议

在地膜上开穴播种，把种子放在穴中间位置，埋至1~2厘米的深度。如果发芽之后，小苗始终没能冒出地膜生长的话，可能是由于天气太热而枯萎。

46

每处苗数为2～4株的话，不需要间苗，保持如此状态生长。

这么做不费力！

如果只有一根苗独立生长，由于长势过强，其果实也会变得坚硬，而把2～4株苗种在一起，能让果实长得柔软些。因为这些苗都不需要间引，所以挺省力的。

从植株的下方开始，按顺序依次开花结果。

3 收获

用剪刀采收果实。

持续丰收美味果实的诀窍

理想的状态是最旺盛期每天都能收获。长到大约6厘米的小果实既软又好吃。如果长得太大，果实变硬了就难以下咽了。不过，也有像八丈秋葵这种即使果实变大，也不易变硬的品种。

4 剪掉下叶

收获果实的同时，把收获的枝节（上图）下面一节以下的叶片全部剪掉。

一句话建议

也有人将收获果实枝节上的叶片全部剪掉，但是只剪掉其下方一节以下的叶片更有利于作物健康生长。每次收获时摘叶，利于改善通风，防止植株倒地，也可以及时发现果实。

有时候也会从植株下端开始长出腋芽，放任其生长就好了。

这么做不费力！

如果秋葵生长初期没有遭遇蚜虫的危害，是不需要进行间苗的，唯一需要是收获后剪掉下叶。从植株下端长出来的腋芽，放任其生长也会结出果实，让你获得更丰足的收获。

需要注意的虫害与对策

卷起来的叶片里潜入蛾的幼虫

时不时会看到秋葵叶片有卷起来的情况（左下图），这是潜入了棉大卷叶螟的幼虫（右下图），俗称卷叶虫。有可能出现其把叶片全吃光的情况，所以只要发现卷叶，一定要摘下叶，消灭掉害虫。

玉米

发射器 82

[禾本科]

种植难易度　| 简单 | 一般 | 较难 | 难 |

应付虫害玉米螟的对策是制定早采收日程。

■ 推荐品种

发射器 82（ランチャー82），是生长得不高，难发生倾倒的早生品种，甜度也很高。味来，果实颗粒饱满，美味香甜。

■ 栽培的日程表

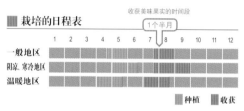

收获美味果实的时间段

1个半月

	1	2	3	4	5	6	7	8	9	10	11	12
一般地区												
阴凉、寒冷地区												
温暖地区												

■ 种植　■ 收获

■ 家庭菜园的耕作基准

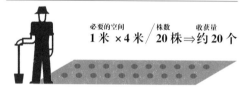

必要的空间　**1 米 ×4 米** ／株数　**20 株** ⇒ 收获量　**约 20 个**

■ 专家教你栽培要诀

有机栽培的玉米，要想收获漂亮的果实，其难度出乎你的意料。因为雄花容易遭到玉米螟幼虫的入侵，而椿象也会吸食一部分果实，所以虫害太多是玉米栽培的困难所在。因此，在 4 月中旬定植后，7 月末之前尽早采收果实，能够尽量避免虫害的发生。肥料不足会导致颗粒长得不好，所以也要施加充足的基肥。

1 田地的准备

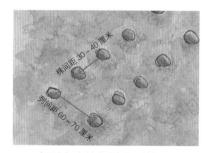

株间距 30～40 厘米

列间距 60～70 厘米

每平方米施加波卡西堆肥 100 克，然后耕田。为了让果实颗粒饱满，需要充分授粉，因为要用他株的雄花花粉与雌花蕊授粉，因此种 2 列可以有效提高授粉效率。之后进行培土，不需要再覆盖地膜。

2 移栽

当玉米苗长齐 3 枚真叶，长度达到 15 厘米时就可以移栽了。4 月下旬后可以直接播种到田里，每处播两粒种子，发芽后移走一株，留下一株。

一句话建议

单独育苗可以防止鸟类的食害。利用育苗盒等来育苗，3 月下旬可以放在温床里，到了 4 月可给其覆盖上两层塑料拱棚，放在温暖的窗边培育。4 月中旬将小苗定植到田地里，大大减少了虫害的发生。

48

3 架设拱棚

移苗后为了防止霜冻、刮风、害虫等危害，将无纺布膜或防虫网等覆盖在拱棚上。

4 培土

定植一个月左右，苗长到40～50厘米就可以培土了，以将土培到最下面的叶片处为基准，两周后进行第二次培土。

一句话建议

培土做到位了，根系就会长得好，就算被风吹倒了一些也会自然慢慢恢复到直立的状态。只是为了保证授粉的顺利进行，当雌花开放时被吹倒，要立即将其扶起。

需要注意的虫害与对策

玉米螟的防治诀窍

叶片的连接处有被虫啃食的痕迹。

在切下来的茎里发现了玉米螟的幼虫。

授粉后最好尽快摘下雄花。

玉米螟在梅雨季开始后出现，在夏季时迅猛增长。因此要执行早采收计划，赶在7月末之前收获。另外，切掉雄花，让虫无法进入也是个好方法。授粉结束后，触碰雄花发现没有花粉掉出来就可以将其摘除。

持续丰收美味果实的诀窍

如果每株只留一个果实来培育，就能培育出优质玉米。最开始时只留下最大的一个果实，其他的在雌蕊冒出一周左右摘掉。其实小玉米也很好吃，在尽量收获漂亮大玉米的同时，也可以充分享受采收小玉米的乐趣。

5 收获

当玉米须变成茶色时就到了适合收获的时机。握住雌穗，能够感觉到玉米颗粒饱满。

玉米的收获期比较短，只有不到一周的时间。为了持续享受收获新鲜果实的乐趣，播种时最好分成两三批，错开时间播种。

四季豆

[豆科]

种植难易度　简单　一般　较难　难

春夏两次播种，享受长期收获的快乐。

■ 推荐品种

　　肯塔基 101（ケンタッキー101），收获量多，果荚大而柔软。一途（いちず）是果荚不易弯曲的品种，形状看起来很漂亮。

■ 栽培的日程表

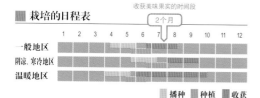

收获美味果实的时间段

	1	2	3	4	5	6	7	8	9	10	11	12
一般地区												
阴凉、寒冷地区												
温暖地区												

■ 播种　■ 种植　■ 收获

■ 家庭菜园的耕作基准

必要的空间　株数　收获量
1 米 × 1 米　3 株 ⇒ 约 300 根

1 育苗

　　在育苗盒（25穴，边 6 厘米）里放入培养土，每个穴里播 1~2粒种子。

> **一句话建议**
>
> 　　使用育苗盒就可以尽早播种，避免霜冻对幼苗的危害。在下一轮收获前预先育苗，就能延长收获期，最好把育苗盒放在采光好的房间里。

肯塔基 101

■ 专家教你栽培要诀

　　四季豆分为有蔓和无蔓两种类型，前者可以持续收获果实，后者具有作业简单、快速收获的特点。四季豆可以栽培的时间段很长，春夏两季播种都可以。进入 5 月后可以直接在田地里播种栽培，只是耐暑力比较弱，所以尽量在 4 月中旬先用育苗盒播种培苗，等到 5 月再移栽到田地里，能让你享受持续收获的快乐。

2 田地的准备

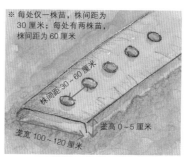

※ 每处仅一株苗，株间距为30 厘米；每处有两株苗，株间距为 60 厘米

株间距 30~60 厘米

垄宽 100~120 厘米

垄高 0~5 厘米

　　最晚在移栽两周前，每平方米堆肥 2千克，耕好田地，立垄，覆盖地膜。

> **一句话建议**
>
> 　　如果播 2 粒种子（2 株苗），株间距就要变宽，播 1 粒种子（1 株苗），株间距就要变窄。

3 移栽

播种大约 1 个月后，小苗长出 2 枚真叶时开始进行移栽。

一句话建议

千万不要延误了移苗时间，如果小苗生长过头，在对叶下方填土，使其不倒。

4 架设支柱

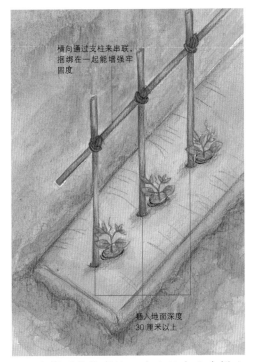

横向通过支柱来串联，捆绑在一起能增强牢固度

插入地面深度 30 厘米以上

在靠近作物旁边，小心地在土中插入长约 2 米的支柱。为了增加牢固度，最好通过横向支柱来串联，也可以采用合掌式的架设方法。

一句话建议

最开始不用把蔓缠在支撑柱上，最好通过绑蔓来进行诱引。

5 收获

在生长旺盛期有望每天收获，尽量趁早采摘鲜嫩柔软的果实，这样就不会造成植株的疲劳。在生长旺盛期，有蔓品种（上图）约有 1 个月的收获期，无蔓品种（下图）约有 2 周的收获期。

持续丰收美味果实的诀窍

四季豆是栽培期比较长的蔬菜，只是在高温酷暑时花容易掉落导致难结果实，等到秋季又能结果了。因此，在春播之后，7 月中下旬也可以继续播种，享受长期收获果实的喜悦。

这么做不费力

夏季播种在 5 月上旬黄瓜收获期结束后就可以开始了，可以在黄瓜的植株底部直接播种，大约栽培两三周后就可把黄瓜从根部开始切除，这样栽培四季豆的话，可充分利用黄瓜的枯枝作为支撑，而且黄瓜栽培残留的肥料，足以培育四季豆。

毛豆

[豆科]

种植难易度 | 简单 | 一般 | 较难 | 难

不需要间引，搭拱棚任其生长。

▓ 推荐品种

天之峰（天ヶ峰），不会因为枝蔓茂密而影响果实发育，收获量也挺多的，是可以安心选择的品种。上汤女（湯あがり娘），蔓容易老化，会影响果实发育，但很美味。

▓ 栽培的日程表

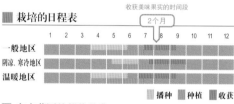

收获美味果实的时间段

2个月

	1	2	3	4	5	6	7	8	9	10	11	12
一般地区												
阴凉、寒冷地区												
温暖地区												

■播种 ■种植 ■收获

▓ 家庭菜园的耕作基准

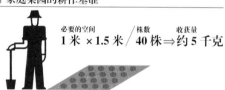

必要的空间 **1米×1.5米** / 株数 **40株** ⇒ 收获量 **约5千克**

天之峰

▓ 专家教你栽培要决

毛豆是带着豆荚的未成熟的大豆。春播时可以栽培专门的毛豆品种，而作为大豆食用的品种可以在六七月播种。注意如果施加太多肥料，会让其茎叶生长过于茂盛而果实发育不良，容易发生枝蔓老化现象。为了避免霜冻，尽量采用育苗盒培苗，或者当气温回升时再播种。

1 育苗

育苗盒（25穴，边6厘米）中放入栽培土，每穴放入2粒种子。把育苗盒摆放在温暖的场所。

> **一句话建议**
>
> 在育苗盒里育苗，有效避开了霜冻，比直种在田里发育得更快。育苗盒播种宜选在4月中旬，田地直接播种宜选在5月中旬。

2 田地的准备

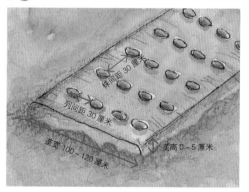

株间距30厘米
列间距30厘米
垄宽100～120厘米
垄高0～5厘米

可以选择已经施放肥料的蔬菜田，也可以选择完全无施肥的土地。覆盖黑色地膜，可节省除草的功夫。

3 移栽

播种约 1 个月后，子叶长出之后再长出 2 片真叶时就可以移苗了。

4 架设拱棚

防虫网覆盖在拱形棚上，可防止椿象等害虫。若是直接播种到田地里，拱棚能够对鸟类的啄食起到防范作用。

> **一句话建议**
> 覆盖防虫网主要是为了防范椿象，如果没有椿象就不必架设。

长出很多根粒菌怎么办？

将豆科蔬菜从土中拔出后，根部会附着很多球状颗粒物，我们称之为"根粒菌"，它能够稳定吸收大气中的氮素，根结越多越好，会有利于豆子的生长。培育重点是肥料控制得当，在排水性良好的场所栽培。

5 收获

豆荚变大后最好马上采摘收获，迟了的话豆荚就会慢慢变成黄色，豆子也会变硬，失去了风味。

收获的时候从底部开始剪下果实。

> **一句话建议**
> 收获之后马上食用，可以感受到满口的美味。若要保存的话，最好将其放入保鲜袋里，再放入冰箱冷藏 6 小时左右，取出后在常温下放 2 天也不会变质。

蚕豆

[豆科]

种植难易度 | 简单 | 一般 | 较难 | 难

只要把植株培育大就能丰收。

■ 推荐品种

三连（三連），分枝粗且长势旺盛，培育简单。另外有个特点就是每个果实上多有 3 粒豆，收获量多。这一点与陵西一寸（陵西一寸）一样。

■ 栽培的日程表

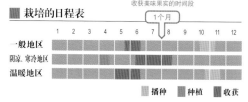

收获美味果实的时间段
1个月

	1	2	3	4	5	6	7	8	9	10	11	12
一般地区												
阴凉、寒冷地区												
温暖地区												

播种　种植　收获

■ 家庭菜园的耕作基准

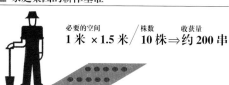

必要的空间　株数　收获量
1 米 × 1.5 米 / 10 株 ⇒ 约 200 串

三连

■ 专家教你栽培要诀

刚摘下来的蚕豆特别好吃。只要把植株培育大，就能结出大量好果荚。培育过程有四个重点：第一，尽量往田地里多放堆肥；第二，为了让果实在越冬时能发育到适当大小，不要错过了适合播种的时期；第三，实施避霜的对策；第四，防止长大的植株倒伏。

1 田地的准备

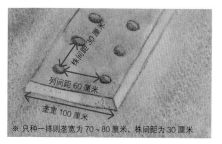

株间距30厘米
列间距 60 厘米
垄宽 100 厘米
※ 只种一排则垄宽为 70～80 厘米，株间距为 30 厘米

最晚在栽种两周前，每平方米堆肥 3 千克，耕好田地后，为了保温要覆盖地膜。

2 播种和防霜

播种时把种子的"黑牙齿"朝下，每处放 1 粒种子，埋进两三厘米深的土中，再覆土压住。播种的时机根据越冬时间来逆推，越冬时作物需要达到约 15 厘米高度，长出 3～4 根枝干。

为了御寒，用无纺布挂起拱棚来避霜。如果挂棚过早容易让植株生长过剩，但也要避免寒冬时才挂棚，把握时机是挂棚的秘诀。

3 摘芯

2月下旬，当主枝生长到30厘米，侧枝也开始增加时，把主枝摘掉（如箭头所示）。与此同时，除去无纺布，用防虫网盖住拱形棚。

4 防止倒伏

20～30厘米间隔

4月中下旬，作物生长到40～50厘米之后就可以移除防虫网。为了防止植株倒伏，可架设花网或黄瓜网（左图），或在田垄四周竖起支柱，系上绑带固定，绑带之间相隔20～30厘米（右图）。

5 收获

向上生长的豆荚方向朝下时就适合收获了。

一句话建议

延误了收获期，果实就容易变硬，最好是趁着果荚刚朝向下方时尽快采收。

需要注意的虫害与对策

防虫网的替换

蚕豆的大敌是蚜虫。防虫网必不可少。趁着摘芯时，用0.6毫米目的防虫网替换无纺布。但是如果此时已经有蚜虫出现，不挂网子是上策。如果挂上网子把蚜虫的天敌放入其中，会起反效果，导致虫害增加。

摘掉枝尖

5月气温开始上升，蚜虫会先从枝尖开始出现，趁蚜虫还没分散到各处时，把枝尖都摘掉，能起到很好的灭虫效果。枝尖是不会结出豆荚的，因此不会影响最后的收成。

巧妙利用小麦

在蚕豆播种的两周后，距离植株1米左右处种上一排小麦，可以作为预防蚜虫的对策。因为小麦能够吸引蚜虫的天敌瓢虫。种上小麦后蚜虫就不会出现在旁边的蚕豆作物上了。

荷兰豆

[豆科]

种植难易度　简单　一般　较难　难

越冬时作物长得太高或太低都不行。

■ 推荐品种

兵库绢荚（兵庫絹莢），开白色花，结小果实，收获期长。夕荚（ゆうさや），开红色花，果实数量不多但个头大。

■ 栽培的日程表

收获美味果实的时间段

1个半月

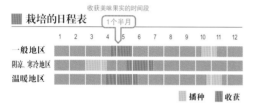

	1	2	3	4	5	6	7	8	9	10	11	12
一般地区												
阴凉、寒冷地区												
温暖地区												

■ 播种　■ 收获

■ 家庭菜园的耕作基准

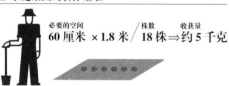

必要的空间　60 厘米 × 1.8 米　/　株数 18 株 ⇒ 收获量 约 5 千克

夕荚

■ 专家教你栽培要诀

栽培荷兰豆最关键在于播种的时期。尽量在越冬前让苗株长到 10～15 厘米高，这样其从初春开始旺盛生长，结出大量果实。长太高或太矮都不利于耐寒。另外覆盖无纺布膜来防霜也是必要的。收获时机因品种而异，诀窍是尽早采摘柔软的果实。

1 田地的准备

最晚在栽种两周前，每平方米堆肥 2 千克，耕好田地后覆盖地膜。

株间距 30 厘米

垄宽 60 厘米

一句话建议

地膜是应付杂草的好对策。如果能频繁除草就不需要地膜了。除此之外，春季幼苗长大之后，为了防止下雨时的泥跳，最好在田间铺上稻草等覆盖物。

2 播种

一句话建议

适合播种的时间为 10 月下旬至 11 月上旬，大约 10 天。尽量不要错过这段时间哦。

每处播种 3 粒，将种子埋入深度约 2 厘米的土壤中，再用土覆盖种穴、压平整土面。

3防霜

当苗株高度达到 10 ~ 15 厘米时（如图所示）耐寒性最强，即长到图中大小时正适合越冬。

12 月上旬，覆盖无纺布作为应对霜冻的对策。

一句话建议

荷兰豆比蚕豆耐寒性更强，光用无纺布就足够让它不受伤害了，因此没有必要架设拱棚。

4除草

初春时杂草逐渐长出来，若没有覆盖地膜，则需要勤奋地除草。在作物底部撒上稻壳，多少能够起到抑制杂草的功效。

5张网

3 月下旬，植株开始长高，架设合掌式支柱，在两侧展开网子围住作物。

植株在网子内侧长高，迎合植株的生长趋势进行绑枝，支撑起植株。

这么做不费力

不想费功夫，只在一侧围上网子也没关系，可勤奋地采用绑带进行牵引，使枝干不偏离网子就行。

通过绑带来约束植株

需要注意的虫害与对策

叶面上残留着虫啃噬过的白色痕迹

叶片上出现白色的虫噬痕迹，这是斑潜蝇（潜蝇类害虫）留下的。幼虫会进入叶片内部啃噬，白色线的尽头留有幼虫或者虫蛹时，要用手消灭掉。右图为成虫。

6收获

荷兰豆的豆荚是果实的主体，收获时要采摘豆子没有膨胀的幼嫩果实，直接扯豆荚就能摘下来。若延误了收获期，荷兰豆筋就会伸展开，所以要尽量避免采收延误。

大豆

[豆科]

种植难易度　简单　一般　较难　难

在氮素成分少的田中播种，不要错过适合播种的时期。

■ 推荐品种

艳丽（エンレイ），美味且收获量多，要注意果荚容易爆开。二十丰（ハタユタカ）就算收获比较迟，果荚也难爆开，容易采摘。

二十丰

■ 栽培的日程表

收获美味果实的时间段

1个月

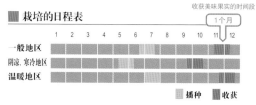

	1	2	3	4	5	6	7	8	9	10	11	12
一般地区												
阴凉、寒冷地区												
温暖地区												

■ 播种　■ 收获

■ 家庭菜园的耕作基准

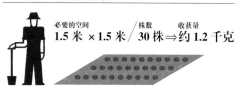

必要的空间　　株数　　收获量
1.5 米 × 1.5 米 / 30 株 ⇒ 约 1.2 千克

■ 专家教你栽培要诀

大豆是容易受天气影响的作物，若是在夏季开花期发生降雨，或者秋季连续降雨都会影响其顺利生长。对应的处理办法是，利用约1周的短暂适合播种期播种。另外，氮过多会造成叶片茂盛而不结豆子。尽量选择种植过红薯或叶类蔬菜等肥分较少的田地。

1 田地的准备

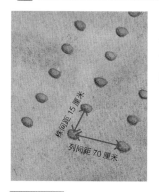

株间距15厘米

列间距70厘米

在未施放肥料、播种之前这段时期内耕好田地。

■ 一句话建议

如果肥料中的氮太多会造成叶片茂盛而不结豆子。推荐选择种过叶类蔬菜的田地，利用之前残余的肥料。

2 播种

每隔15厘米播1粒种子。

将种子按压入2~3厘米的深度。

■ 一句话建议

大豆适合播种的时期非常短，因品种和地域而各不相同，最好是咨询种苗专卖店。

3 预防鸟害

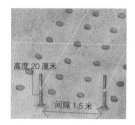

高度 20 厘米
间隔 1.5 米

播种后到长出真叶期间，容易遭到鸟类侵害。田间最好悬挂市面出售的避鸟绳，若是株数少，也可用防虫网架起拱形遮盖棚。

4 培土

培土兼具除草的功效，一共进行 2 次。第一次在长出 2 枚真叶到长出对叶之前进行。第二次在植株生长到 30 厘米时，将土培到真叶下方。

一句话建议

相对毛豆而言，大豆生长得更高大。认真做好培土工作至关重要。若株体发生倒伏则会影响产量。

5 收获

9 月下旬至 10 月上旬能作为毛豆收获。从植株底部切割整串果实。比夏季的毛豆味道更浓郁。如果特别喜欢这种口味，可尽量多种一些。

当植株全部枯竭之后可以收获大豆了。当豆荚和豆子变得脆脆的时候，连着作物底部一起切割。最好在上午作业，这样豆子比较难掉落。

6 干燥·脱壳·筛选

在豆荚崩开之前使其干燥，选在无雨的天气放在屋内或者屋檐下晾干。晴天可以放在垫布上摆到外面晒干。

在垫布上用棍子敲击果荚使其脱壳。

一句话建议

脱壳可以选在晴天的午后进行。因为上午豆子比较难掉落，更费劲。

筛选保存。除掉果荚和枝干，再分别装进筛网里，筛出小废渣等。最后把破损坏掉的豆子去掉。日晒干燥之后就可以装入罐子等器皿中保存了。

芝麻

［胡麻科］

种植难易度 | 简单 | 一般 | 较难 | 难

收获之后稍微费功夫。
栽培简单，可以放任其生长。

■ 推荐品种

黄芝麻（金ごま），芝麻的香味很浓郁。黑芝麻（黒ごま），比白芝麻的抗酸化作用更强。白芝麻（白ごま），比黑芝麻含油脂量更多。

■ 栽培的日程表

收获美味果实的时间段

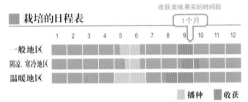

		1	2	3	4	5	6	7	8	9	10	11	12
一般地区													
阴凉、寒冷地区													
温暖地区													

■ 播种　■ 收获

■ 家庭菜园的耕作基准

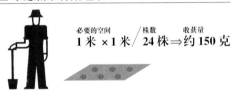

必要的空间　株数　收获量
1 米 × 1 米 / 24 株 ⇒ 约 150 克

黑芝麻

■ 专家教你栽培要诀

芝麻在间苗之后可以放任其生长。喜光的芝麻能够适应夏季的酷暑，沐浴在阳光下苗壮成长。但如果氮肥过剩就会导致其生长过高，容易倒伏。堆肥使用基肥就足够了。有必要注意被称为"芝麻虫"的豆天蛾的硕大幼虫。因为它会把植株叶片都吃光，所以只要看到就要立即捕杀。

1 田地的准备

列间距 60 厘米
株间距 30 厘米
垄宽 100 厘米

最晚在栽种两周前，每平方米堆肥 2 千克，耕好田地后覆盖地膜。

2 播种

每处放 5～6 粒种子。放好种子后轻按进土中，覆上薄土。

3 间苗

当幼苗长出2~3枚真叶后，每处留4株苗进行间苗。

这么做不费力！

间苗之后可以放任其生长，很快会从植株的下方位置开始开花，然后结出果荚。

4 收获

当植株下方的果荚枯萎，趁全部植株还是青色的时候从底部开始收割。

5 干燥·追熟

割下来的植株，用绳子捆好，直立起来使其干燥。注意要放在不会淋到雨也不会被风吹倒的地方。

6 脱壳

开始干燥的3~4周后，全部枯萎的果荚就可以割下来开始脱壳。

铺上席子，把果荚秆放上面用棍子上下敲击，芝麻会从果荚中掉落。

一句话建议

出现芝麻无法从果荚中掉落时，继续干燥几天后再脱壳。

7 调制

放在筛子里，将枯叶等大块杂物清除，再轻轻将细小的杂物筛除。

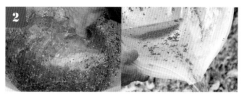

加水（左图）将没有灰尘和废渣的芝麻洗净，使其随水流到容器里（右图）。

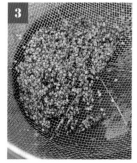

用滤网捞起残留在容器底部的芝麻。将其放在草垫之类物品的上面，在晴天干燥一整天后就可以保存了。

耕田·翻土
锄头

锄头主要用来耕田和挖掘作业，如碎土、挖穴、作垄、垦沟等。平锄（右图中）可用于不太需要弯腰的耕地与挖掘作业。万能锄（右图右侧）坚硬的刃爪擅长开垦荒地和挖掘块茎。用较轻力气就能将锄刃深刺入土中，土块很难粘在锄刃上。大正锄（右图左侧）一次能挖掘大量的土。

割草刀
西式锄 & 镰刀

西式锄柄部长，我们以站立的姿势就可以快乐地进行作业。适合于除草和中耕，特别是带有三角形锄刃的三角锄（右图左侧）是培土和垦沟的法宝。镰刀有各种大小和形状（右图右侧），刀刃大且厚，适合割大型草类。

「阿部农园的各种农具」

田地的作业要选择适合不同操作内容的工具，熟练地使用能有效加快进程。本页介绍给大家带来便利的各种农具。

挖掘·采掏
铲子 & 叉子

剑形铲子（图左侧）除了适合挖穴，在狭窄地带比锄头能耕得更深。开穴时难粘上土。角铲（图中）能够轻松地铲起堆肥和波卡西堆肥等。叉子（图右侧）可以用来细耕堆肥，也是整理草和残渣不可或缺的工具。

平整
刮板

耕田时平整土地后就可以开始种植操作。可以通过锄头的侧面来平整田地，而有了刮板，不仅能够快速操作，田地也更漂亮整齐。如果田地比较广阔，刮板更加便利。家庭菜园也可以使用市面上出售的刃面带短刺的耙子。

第三章
叶类蔬菜

卷心菜

西兰花

白菜

莴苣

宝贝生菜

菠菜

小松菜

塌菜

青梗菜

壬生菜

小叶茼蒿

菜花

帝王菜

大葱

洋葱

大蒜

薤头

芦笋

卷心菜

[十字花科]

种植难易度 简单 一般 较难 难

充分施放堆肥，选择对应时期的品种。

■ 推荐品种

春播的三崎（みさき）品种，能快速收获，适合家庭菜园栽种。还有两种迷你卷心菜朝潮（あさしお）、梦衣（夢ごろも），其柔软美味，可以长到600克至1千克，也值得推荐。

■ 栽培的日程表

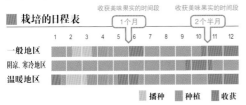

收获美味果实的时间段 1个月
收获美味果实的时间段 2个半月

	1	2	3	4	5	6	7	8	9	10	11	12
一般地区												
阴凉、寒冷地区												
温暖地区												

播种 种植 收获

■ 家庭菜园的耕作基准

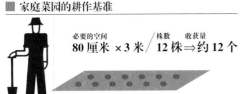

必要的空间 **80厘米 × 3米** 株数 **12株** ⇒ 收获量 **约12个**

朝潮

■ 专家教你栽培要诀

卷心菜的种植类型繁多，根据品种不同，适合播种和收获的时期也大不一样。如果田地有足够的空间，可以尝试种植多个品种，享受长期收获的乐趣。但卷心菜若是肥分不足就会不结球，所以要充分做好前期堆肥的准备工作。另外，虫害也比较多，利用防虫网是有效的应对策略。

1 田地的准备

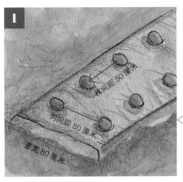

1

株间距 50 厘米
列间距 50 厘米
垄宽 80 厘米

最晚在栽种两周前，每平方米堆肥 3 千克，耕好田地。

一句话建议

卷心菜不结球的重要原因是肥料不足，一定要施足堆肥。作物的间隔太小也会导致其竞相吸收肥料而肥分不足，不结球。

2

耕地之后覆上地膜。若挂上防虫网则除草难度增加。所以用地膜来抑制杂草的生长。

尽量让地膜不松垮，一边踩着地膜的边缘一边用土堆盖，固定好地膜的四周。

在地膜上开穴，如果没有专用工具，可以使用切成半截的空瓶子代替。

2移栽

当小苗长齐4枚真叶就适合移栽了，种在花盆里的小苗要趁盆里的根系卷曲之前移栽。

用手挖出种植穴，将苗放入穴里，压紧其底部的土壤。

> **一句话建议**
>
> 虽然小苗着根能力强，很容易发根，但是到了夏季，移栽最好选在傍晚后进行。

在夏末时期浇水必不可少，当叶片呈现软趴趴状态时每天浇一次水。

在8~9月移栽后，架立防虫网拱棚很有效果。最好在移栽完立刻架棚。

使用防虫网与地膜的场合，着根后放任其生长也能长得很好。如果没有地膜，那中途要用三角锄进行 1~2 次的削土、除草与培土。

需要注意的虫害与对策

需要注意夜盗虫引发的虫害，它们会一直啃噬到球体内侧，造成极大损害。虽然成长后的幼虫具有夜行性，但卵和小幼虫一般集体行动，很容易在叶片里发现它们。图中是遭到夜盗虫啃食的卷心菜，青虫主要啃食外叶，对结球部分的影响较小。

3 收获

结出大球体后，用菜刀从球体底部切割收获，把外叶留在田地里。

卷心菜因品种不同而收获期各异。如果早生品种和晚生品种都种上的话，10 月末至 2 月上旬可以持续收获。

这么做不费力

9 月末播种，需要选择能越冬的品种，它们水分饱满味道很出众。到了夏季培苗也很容易，几乎没有虫害的发生。在作物生长初期并不需要防虫网，主要在害虫频发的 3 月下旬开始挂网，一直挂到收获之前。并不需要覆盖地膜。下图左侧为越冬品种味春，右侧是 2 月播种的绿球系品种。

西兰花

[十字花科]

种植难易度 简单 一般 较难 难

收获顶部的花球后，侧枝花球也能相继收获。

▓ 推荐品种

绿领（绿嶺），是顶部花球硕大，侧枝花球也能收获的品种，耐暑性强。像素（ピクセル），是顶部花球较大的早生品种。

▓ 栽培的日程表

收获美味果实的时间段

3个半月

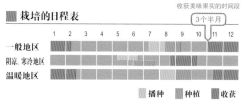

	1	2	3	4	5	6	7	8	9	10	11	12
一般地区												
阴凉、寒冷地区												
温暖地区												

播种 种植 收获

▓ 家庭菜园的耕作基准

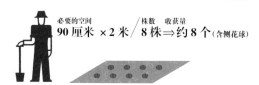

必要的空间 90 厘米 × 2 米 / 株数 8 株 ⇒ 收获量 约 8 个（含侧花球）

绿领

▓ 专家教你栽培要诀

西兰花从播种到育苗以及移苗后的田地管理，都与卷心菜一样操作。堆肥方法也与卷心菜一样，充分施肥是关键。由于品种的不同，生长期也有差别。如果空间足够的话，可以栽种多个品种，享受长期收获的快乐。有的品种不只顶部结花球，侧枝也会结出花球，可以依次采收。

顶部花球的收获

侧枝花球的收获 ※ 栽培方法与卷心菜一样（参照 P64 ~ P66）

能够相继收获侧枝花球。

达到对应品种的发育大小后，采收顶部花球。趁花球密集紧簇在一起的时候采收最美味。

顶部花球收获的两周后，侧枝伸长结出侧枝花球。

白菜

[十字花科]

种植难易度　简单　一般　较难　难

充分施肥，让它结出大球。

▓ 推荐品种

　　面米（めんこい），其播种后 65 天左右能收获，因为是迷你白菜，所以耐病力强。还推荐王将（王将）、冬峠（冬峠）、黄心 75（黄ごころ 75）等。

▓ 栽培的日程表

收获美味果实的时间段

1个半月

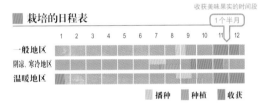

	1	2	3	4	5	6	7	8	9	10	11	12
一般地区												
阴凉、寒冷地区												
温暖地区												

■ 播种　■ 种植　■ 收获

▓ 家庭菜园的耕作基准

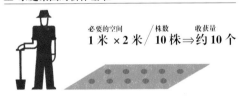

必要的空间　　　株数　　　收获量
1 米 × 2 米　／ 10 株 ⇒ 约 10 个

王将

▓ 专家教你栽培要诀

　　8 月下旬开始播种育苗（参照 P70），9 月下旬移苗。若是移苗晚了就会发育不充分，所以在适当时期播种很关键。虽然播种时期相同，但是不同品种的收获期和耐寒性有差异。肥料不足和密集栽培是不结球的主要原因。迷你白菜更容易结球，更好培育。种植迷你白菜的株数可以比大白菜多一倍，以约 20 株为基准。

1 田地的准备

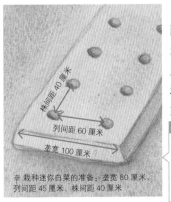

株间距 40 厘米
列间距 60 厘米
垄宽 100 厘米

※ 栽种迷你白菜的准备：垄宽 80 厘米、列间距 45 厘米、株间距 40 厘米

最晚在移植两周前，每平方米堆肥 3 千克，周围施加波卡西堆肥 500 克，耕好田地，立垄。

一句话建议

为了保证结球，要充分地施放堆肥，但肥过多容易引来蚜虫，把握好施肥的度很重要。

2 移栽

播种大约 1 个月后，长出 5~6 枚真叶时适合移苗。

因为白菜的根很纤细，用手指挖出种植穴后，从花盆里取出小苗，不要抖落包裹根部的土，小心地移栽到穴里。田土如果干燥的话要在移栽后浇水。

一句话建议
白菜不结球的原因主要是由于栽种得太密集，所以要保持好株间适当的距离。

移栽的同时覆盖防虫网，防止蚜虫等虫害。

一句话建议
一般的白菜，在生长初期会反复遭遇蚜虫食害，即使是生长期短的迷你白菜也避免不了虫害，因此推荐大家使用防虫网。

挂上防虫网后不需要特别作业，可以耐心等待收获。

3 收获

如果按压菜球的头部它能够自动弹起，就到了适合采收的时期。留下外叶，采割球体。

剥落受伤的外叶后，就可以直接拿去厨房烹制出美味料理了。

4 防寒·保存

大白菜是叶片卷起来比较缓慢的品种，因为耐寒力强，可以在田地里用绳子束住其顶部越冬。但是迷你白菜的耐寒力弱，12月要覆盖保温膜，到12月中旬之前就可以全部收获了。放在家里保存时，把其受伤的外叶去除，用报纸一个个小心地包起来，放在寒冷场所保存，这样可以一直存放到春季。

「卷心菜和白菜的育苗」

虽说市面上可以买到卷心菜苗和白菜苗，但是选好种子后，自己育苗，既能满足自己对品种的偏好，又能节省开支。所以一定要挑战下自己来育苗哦。

使用育苗盒的基础育苗

关于卷心菜和白菜的培苗，一定要掌握三个诀窍。

第一，使用好的培养土。如 P145 一样，把落叶和米糠混合进土里进行踩踏，让其成为温床，等待一年之后这土就成了种子的理想培养土。当然也可以直接使用市面上出售的有机培养土。

第二，土一旦干燥了就要每天浇水。

在卷心菜和白菜的育苗期要注意高温引起的土壤干燥。

第三，在播种后覆上防虫网。不要把育苗盆直接放在地上，可以放在托盘或者整理箱里，然后再盖上网子。如果实在只能放在地上，为了防止蟋蟀的入侵，最好从下侧开始用网子包围起来。

育苗盒（36 穴或 49 穴）放入培养土，用手指轻轻按压到往里陷，每穴投入一粒种子。

用木板在育苗盒上压平表层土。

将培养土盛在筛网上，撒土到育苗盒里，覆盖到看不见种子的程度即可。

浇足水，促进发芽。

5

为了防范害虫，用防虫网包围住育苗盒。尤其是对付个头小的蚜虫，网子目数控制在 1 毫米规格以下，推荐使用价格稍微贵点的 0.6 毫米规格。

6

播种后约一个月就适合移苗了（卷心菜长出 4 枚真叶时、白菜长出 5~6 枚真叶时）。用育苗盒培育的苗，老化速度快，要在适合移苗期的一周内移栽好。移苗时注意不要抖落苗根部的土，有利于小苗的着根。

通过田地苗床，不费功夫地育苗

卷心菜和西兰花的首次播种期在 7 月下旬，这个时候不需要育苗盒，直接在田里的苗床上育苗也是很便利的。

培育一段时间后的小苗在 8 月下旬高温期进行定植，尽量等到降雨后移苗。然而，用育苗盒的话，因为苗生长得更好，老化得比较快，不需要等到降雨后再移苗。

在田地苗床里生长的小苗，等到长出 7~8 枚真叶时再进行移苗，因为要等待降雨，所以适合移苗期长达 2 周时间。

苗床选择排水性好的平垄。利用之前作物的余肥就足够了。在播种后马上浇水一次即可。再挂上防虫网之后就可以不费功夫了。

按列间距 20 厘米，种子间隔 1 厘米进行条播。长出真叶后不间苗，所以播种时需要格外细心。土壤干燥就浇水，覆盖上防虫网。

在苗床育苗不费功夫，操作也简单。如果菜地里有足够空间，推荐使用此法。

小苗的真叶从 4 枚长到 7~8 枚时，可以从苗床里取出进行定植。卷心菜的根系强健，可以将小苗根部附着的土抖落后再移苗。

捕捉青蛙放进防虫网里，万一有害虫侵入，就会被青蛙吃掉。

莴苣

[菊科]

种植难易度　简单　一般　较难　难

初春播种，在难对付的梅雨期前收获。

■ 推荐品种

　　伯克利（バークレー），圆形莴苣，耐病力强，栽培简单，适应期比较长。叶用莴苣红波（レッドウェーブ）、红火（レッドファイヤー）在少量肥料下也能发育得很好，栽培简单。

■ 栽培的日程表

收获美味果实的时间段　1个月

收获美味果实的时间段　1个半月

	1	2	3	4	5	6	7	8	9	10	11	12
一般地区								秋播				
阴凉、寒冷地区								秋播				
温暖地区								秋播				

播种　种植　收获

■ 家庭菜园的耕作基准

必要的空间　90 厘米 × 1.5 米　/　株数　15 株 ⇒ 收获量　15 个

伯克利

■ 专家教你栽培要诀

　　莴苣分为结球的圆形品种和不结球的叶用莴苣。栽培方式是一样的。莴苣比较不适应高温多湿的环境，需要尽早育苗，在梅雨期来临前收获。可以在屋内的拱棚里育苗。使用温床的话，1 月下旬开始播种，5 月上旬可以收获。到了气温开始上升的 2 月，可以不用温床直接搭起拱棚来育苗。

1 播种

育苗箱里放入 1~2 厘米深的培养土，压平之后，浇足水，就可以撒播种子了。

把培养土盛入筛子，筛出薄薄一层土至育苗箱上，稍微遮住种子即可。如果覆土太厚，会造成发芽不均。

用木板将覆土压平，再一次浇水。

将苗箱放入拱棚里，保持育苗温度。

一句话建议

在 2 月育苗，如果没有大棚温室，晚上尽量在拱棚上搭盖毛毯之类进行保温，最好是搬进室内。不管放在哪里，都要罩上无纺布膜保温。

2 上盆

上盆选在小苗长出 1 枚真叶时，首先准备好育苗盆，放入培养土，浇足水后，用棍子等挖出栽种的小穴。

从苗箱里取出小苗，根上的土掉了也没关系，选择看上去健康的苗来移栽。

每个穴栽种一株苗。把根部放进穴内，用手指压实周围的土来固定小苗。

将育苗箱搬回拱棚内，防御寒冷，让小苗茁壮生长。

3 田地的准备

株间距 30 厘米
列间距 30 厘米
垄宽 90 厘米

　　最晚在移栽两周前，圆形莴苣每平方米堆肥 3 千克，叶用莴苣每平方米堆肥 2 千克，耕好田地。

4 移栽

　　播种后约 1 个月，长出 4 ~ 5 枚真叶时移栽。按住盆子的底部，把苗取出来，再用手挖洞植入小苗。

5 遮盖

　　移栽的同时挂上无纺布膜和防虫网等遮盖表面，防止各种病虫害。在收获之前移除。

6 收获

叶用莴苣比圆形莴苣要早 1 周左右收获。

　　圆形莴苣结球后可以采收，从植株底部直接切割。

宝贝生菜

[菊科]

种植难易度 | 简单 | 一般 | 较难 | 难

适合用作沙拉，能够反复收获。

▉ 推荐品种

品种没有什么特别的限制，主要有生长快速，能收获 3 轮的十字花科品种，也有能收获 2 轮的莴苣系品种。

▉ 栽培的日程表

收获美味果实的时间段
8个半月

	1	2	3	4	5	6	7	8	9	10	11	12
一般地区												
阴凉、寒冷地区												
温暖地区												

▉ 播种　▉ 收获

▉ 家庭菜园的耕作基准

必要的空间　　　株数　　　收获量
75 厘米 × 1 米 / **20 株 ⇒ 约 150 克 × 12 次**

▉ 专家教你栽培要诀

叶菜类的嫩叶总称为宝贝生菜，柔软的叶片，生的蘸着沙拉吃也很美味，把几个品种组合成"混合生菜"栽培，既可吃到多种美味，又能让田地增加不一样的色彩。栽培很简单，从播种到收获都可以放任其生长。

1 田地的准备

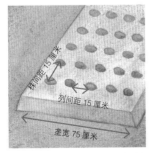

株间距 15 厘米
列间距 15 厘米
垄宽 75 厘米

最晚在播种一个月前，每平方米堆肥 3 千克，3 个月之后再堆肥 2 千克，耕好田地。每穴播 5~6 粒种子。

2 收获

当叶片还嫩时，留下中心的小叶，从叶柄切取收获大叶。收获后，其会再次生长，可以反复收获。

保温

2 月播种，在播种后马上挂上无纺布和拱棚。到 3 月就只需要覆盖地膜。在 3 月春分时可以拆除拱棚，在 3 月末拆除地膜。

「叶类蔬菜的巧妙培育法」

菠菜、小松菜等叶类蔬菜和芜菁等小型根茎类蔬菜，有很多品类的栽培方法相似。记住它们的共通顺序，可以运用到各种蔬菜的栽培操作中。

叶类蔬菜共通的顺序

叶类蔬菜从秋季开始到春季的培育很简单。秋季适合播种期为9~10月。随着寒冷时节临近，若播种迟了就会生长缓慢，作物需要等待更长时间才能成熟。另外，到了适合收获期遇到寒冷天气也不宜采收，所以播种越迟，收获得越晚。

要逐渐增大播种量，因为生长速度快则适合收获期短，所以9月少播一点，到10月播种量最大。生长的速度与耐寒性因蔬菜品种不同而不同。多个品种同时播种，其收获期相对分散，也费功夫。

一次播种也能享受长期收获的乐趣，推荐在10月上旬播种。这时如果同时播种数个品种，从11中旬到次年4月下旬，品种更替不断，可以充分享受蔬菜的美味。

秋播的收获时期和栽培数据

蔬菜名	日程		栽培数据			（参照）10月上旬播种的收获时间
	播种（月）	收获（月）	列间距（厘米）	最终株间距（厘米）	堆肥（千克/平方米）	
小松菜	9月上旬到10月下旬	9月下旬到3月下旬	25	3~5	2~5	11月中旬到12月下旬
青梗菜	9月上旬到10月上旬	10月上旬~1月中旬	20	10	2	11月下旬到1月中旬
芜菁	9月上旬到10月上旬	10月上旬到1月下旬	25	10	2	11月下旬到1月下旬
小叶茼蒿	9月上旬到下旬	10月上旬到12月中旬	30	3	2	—
菜花	9月上旬到下旬	10月中旬到12月下旬	30	4~5	2	—
水菜（早生）	9月上旬到10月上旬	10月上旬到12月中旬	25	3~5	2	11月下旬到12月中旬
水菜（晚生）	10月上旬	12月中旬到3月上旬	30	10~15	2	12月中旬到3月上旬
菠菜	9月上旬到11月上旬	10月下旬到3月下旬	25	4~6	2~3	12月上旬到2月中旬
塌菜	9月上旬到10月上旬	10月下旬到2月下旬	25	10~20	2	12月中旬到2月下旬
菜薹	9月下旬到10月上旬	3月下旬到4月下旬	50~60	30	3	3月下旬到4月下旬

※ 播种·收获时期以阿部农园（日本茨城县南部）为例

※ 小叶茼蒿、菜花在9月间播种

1 田地的准备

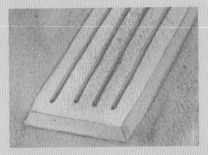

最晚在播种两周前，进行堆肥耕田立垄，每平方米堆肥 2 千克，列间距以 25 厘米为标准。

> **一句话建议**
>
> 生长期漫长且要进行越冬的品种，和 10 月下旬播种次年春季才能收获的品种，宜多施肥，每平方米堆肥量要增加到 3 千克左右，如果田地的排水性不差，不平耕也没关系。

2 播种

在田地里挖出适合蔬菜播种的沟道。

> **一句话建议**
>
> 沟需要一定的深度，可促进种子发芽，可以将支柱推进土里形成沟道。

在条形播种沟里播种，种子之间保持 1 厘米左右的间隔。

> **一句话建议**
>
> 最终株间距比较宽的芜菁和青梗菜等，如果保持播种时 2 ~ 3 厘米的间隔距离，可以减少间苗的次数。

3

用手轻轻地拂土填埋播种沟，覆盖厚度约 5 毫米的土，只要让种子不露出来就可以了。最后用手掌将土压实。

3 盖拱棚

为了避免夜盗虫等虫害，用防虫网覆盖在拱棚上。可以在播种的同时操作，将网子的边缘埋在土里，不要露出缝隙。10 月下旬之后虫害发生率降低，这时候不怎么生虫的小叶茼蒿也可以摘掉网子。

4 间苗

当长出 3~4 枚真叶，叶片混杂在一起后，留下发育良好的苗，间隔 3~5 厘米进行间苗。但是青梗菜、芜菁和晚生水菜需要间隔 10 厘米。

这么做不费力 !

在植株数量很多的情况下间苗是非常艰巨的工作。因此，在广阔田地播种后，就算有一些问题株出现，如果从最开始就以最终株间距来播种，之后就不需要间苗了。对于场地有限的家庭菜园，需要悉心地间苗。如果想节省间苗的功夫，也是要从最开始就以最终株间距来播种。

用播种机间隔 10 厘米播种，发芽之后的青梗菜。没有间苗的必要。

5 收获

小松菜和青梗菜等，直接用剪刀收割根的上部分（没有长出细根的 5 毫米左右的部分）就能不沾泥土，干净地收获。

> **一句话建议**
>
> 9 月播种快速生长，在长得过大之前，尽早开始收获。到 12 月耐寒力差的蔬菜，要全部采收。另一方面，冬季在田里的蔬菜，到了隆冬时会停止生长，最好多次少量收获。

小叶茼蒿和菜花等作物，要首先摘芯，然后再摘取侧枝。用手采摘的话，留下坚硬的部分，只收获柔软的部分。

防寒·避鸟

12 月上旬盖上无纺布来防寒。耐寒力比较强的小松菜和菠菜等,要铺上遮盖物来避免鸟类的食害。

无纺布膜容易被风吹飞,最好每隔 3 米用 U 形丝固定住,尤其需要注意拱形无纺布膜。

一句话建议

早生的水菜和菜花耐寒力弱,即使覆上遮盖物来保温也容易受伤,趁其被冻伤之前采摘。种植小叶茼蒿时用无纺布覆盖拱棚。

持续丰收美味果实的诀窍

9 月播种的叶菜类、小松菜、菠菜、青梗菜等作物,基本都是播种一个月后即到适合收获期。生长快速的小萝卜,只要 20 天。比较费时间的芜菁,只要 40 天就可以食用了。

9 月勤奋地播种是关键。为了让可供食用的作物不中断,每隔 7～10 天可以播一次种。

另一方面,9 月末至 10 月播种的话,每隔一天,其收获期就对应迟三天,间隔一周的播种,其收获期可能会有三周的差异。

除了耐寒力弱的小叶茼蒿和青梗菜,菠菜和芜菁等蔬菜在 12 月之后都不生长,可以一直放在田里等待继续收获。

菠菜的收获日程表

播种　收获

9	10	11	12	1	2	3	4

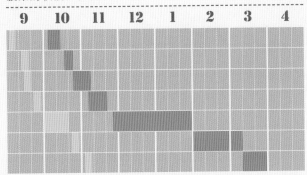

整个 9 月一次性播种的量不多。家庭菜园的话,每列播种 1 米足够了,每列的种类也可以交替。

菠菜

[藜科]

种植难易度　简单　一般　较难　难

耐寒力强，喜好营养均衡的土壤。

■ 推荐品种

渴望（アスパイアー），具有比较难受到土质影响的特点。

■ 栽培的日程表

收获美味果实的时间段

4个半月

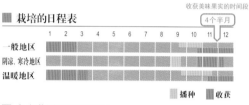

	1	2	3	4	5	6	7	8	9	10	11	12
一般地区												
阴凉、寒冷地区												
温暖地区												

　播种　　收获

■ 家庭菜园的耕作基准

必要的空间／列间距
1 米 × 1 米／**25 厘米；1 厘米间隔条播**

最终株间距／收获量
4 ~ 6 厘米／**30 束（1 束约 200 克）**

堆肥的量
2 千克 / 平方米（10 月下旬播种、次年春季收获的话则为 3 千克 / 平方米）

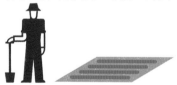

收获时留下少许根部，重点是用刀子插入土里进行切割。

渴望

■ 专家教你栽培要诀

※ 栽培方法参照 P76 ~ P79

栽培菠菜，土壤的酸度是重点。菠菜不适应酸性土壤，所以因土壤的不同而有生长的差别。如果土壤呈酸性，可以撒牡蛎壳等有机石灰，通过 3 ~ 4 年时间慢慢地改善土质。

如果想马上见效，可以撒苦土石灰，但是它的反作用是导致土壤变硬，因此使用时需谨慎。

就算是酸性土壤，依然还是有能栽培菠菜的好办法。如果保持好土壤里肥料成分和无机物成分的平衡，土壤带点酸性也无妨。充分地堆肥和翻土是关键。选择菠菜品种也很重要，可以选"渴望"这类难以受到土壤影响的品种。

菠菜的收获期可以比小松菜长一周时间，正因为其耐寒力强，在 11 月上旬也能播种，过冬之后就可以收获。但是遭遇严冬，在持续冰冻天气下容易被冻伤，为了安全过冬，从 12 月上旬开始覆盖无纺布来保温，也可以起到防止鸟类啄食的功效。

菠菜的根部也很美味，因此收获时将作物连同根部（地下约 1 厘米）一齐用刀切割采收。

其实菠菜本来品种分布很广泛，有东洋品种和西方品种之分，东洋品种味道好但容易抽薹，西方品种不容易抽薹。现在的品种一般是集合了两者长处的杂交品种。

小松菜

[十字花科]

种植难易度　简单　一般　较难　难

种植容易、冬季美味的叶类蔬菜代表。

■ 推荐品种

清澄（きよすみ），具有浓绿紧实的叶片。冬季的味道很好。中町（なかまち），生长快速，适合秋季收获。

■ 栽培的日程表

收获美味果实的时间段

5个月

	1	2	3	4	5	6	7	8	9	10	11	12
一般地区												
阴凉、寒冷地区												
温暖地区												

■ 播种　■ 收获

■ 家庭菜园的耕作基准

必要的空间	列间距
1 米 × 1 米	25 厘米；1 厘米间隔条播

最终株间距	收获量
3 ~ 5 厘米	30 束（1 束约 200 克）

堆肥的量
2 千克 / 平方米（10 月下旬播种、次年春季收获的话则为 3 千克 / 平方米）

清澄

■ 专家教你栽培要诀
※ 栽培方法参照 P76 ~ P79

从 9 ~ 10 月播种的秋季作业，到 2 ~ 4 月播种的春季作业，一年之中除了夏季都可以收获。在这其中，推荐 10 月上旬到中旬播种，长大之后在 12 月寒冷期停止生长，次年 2 月就能收获。遇到冬霜能增加其甜度。寒冷时期虽然不需要使用防虫网，但是用来防止鸟类啄食还是有效果的。

耐寒力比较强，遇到霜之后会变得更美味，从白色到嫩黄色的部分味道不会变化。为了防止变色，12 月最好覆上无纺布罩。

10 月上旬播种后可以覆盖防虫网子，抑制夜盗虫和黄曲条跳甲等虫害。

塌菜

[十字花科]

| 简单 | 一般 | 较难 | 难 |

边间苗边收获，到了隆冬时能培育成大株。

▓ 推荐品种

　　没有什么特别的，每个品种都差不多。因为其味道比较百搭，可以用来炒菜或者做汤，食用方式很广泛。

▓ 栽培的日程表

收获美味果实的时间段
5个半月

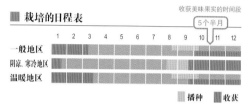

播种　　收获

▓ 家庭菜园的耕作基准

必要的空间	列间距
1米×1米	25厘米；1厘米间隔条播

最终株间距	收获量	堆肥的量
25厘米	20株	2千克/平方米

▓ 专家教你栽培要诀　　※ 栽培方法参照 P76 ~ P79

　　耐寒力强，迎来新年之时其甜味也在增加，收获期从10月到次年3月，因为收获期长，如果种得多的话确实是一笔财富。

　　因为生长比较费时间，如果播种晚了就长不大了，推荐在9月下旬播种，为了让株体发育得更大，最好在9月末之前播种。

　　但是9月的害虫很多，播种的同时建议盖上防虫网拱棚。为了防止网子内发生虫害，最好在播种前两周就在田地里做好除草工作。

　　塌菜可边间苗边生长，收获的同时可以进行间苗，感觉并不太费功夫。在秋季植株呈树立姿态时，就可以开始边间苗边收获了。冬季为了让菜长更大，要确保25厘米的株间距。

　　到了深冬，塌菜的叶片像花瓣一样，呈莲座状开放，这时，叶片能长到20厘米左右是最理想的。塌菜的叶片大得像坐垫一样，即算只吃1株也足够了。柔软的叶片和有嚼劲的茎，可以让人享受两种不一样的滋味。从12月上旬到中旬，要覆盖上无纺布，主要是为了防止寒冷造成冻伤，同时也起到防止鸟类食害的作用。

冬季可以长成大株，直接用手采收，让人很有满足感。

青梗菜

[十字花科]

种植难易度　简单　一般　较难　难

柔软美味，想冬季收获就要在 10 月上旬播种。

■ 推荐品种

青帝（青帝），因为柔软，所以竖立得比较迟。它还有比较难生白斑病的特性。

■ 栽培的日程表

收获美味果实的时间段

3个月

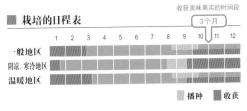

	1	2	3	4	5	6	7	8	9	10	11	12
一般地区												
阴凉、寒冷地区												
温暖地区												

■ 播种　■ 收获

■ 家庭菜园的耕作基准

必要的空间　列间距
1 米 × 1 米　20 厘米；1 厘米间隔条播

最终株间距　收获量　堆肥的量
10 厘米　50 株　2 千克 / 平方米

青帝

■ 专家教你栽培要诀　※ 栽培方法参照 P76 ~ P79

边间苗边栽培，使其最终株间距保持约 10 厘米。长期放在田里，茎部厚厚的底部会长出很多层叶片，吃起来感觉筋展开了。在长筋前收获才会好吃。推荐 10 月上旬播种。生长期从 12 月上旬开始到次年 1 月末，为期 2 个月，可以长时间收获。在 12 月上旬挂上遮盖来避鸟。

有效的预防害虫对策是使用防虫网。尽早在田地上准备防虫网很重要。

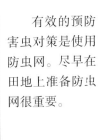

当其底部开始展开时收获。对于生长比较快的秋收型，一次不要播种太多。

壬生菜

[十字花科]

种植难易度　| 简单 | 一般 | 较难 | 难 |

分为早生和晚生2种类型，从秋季到冬季都可以收获。

■ 推荐品种

　　早生千筋京水菜（早生千筋京水菜），有绿色叶片和白色茎干，看起来很漂亮的早生品种。绿扇2号（绿扇2号），具有耐寒性的晚生品种，也被称为京菜。

■ 栽培的日程表

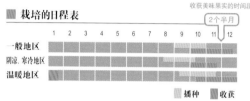

收获美味果实的时间段
2个半月

	1	2	3	4	5	6	7	8	9	10	11	12
一般地区												
阴凉、寒冷地区												
温暖地区												

■ 播种　■ 收获

■ 家庭菜园的耕作基准

必要的空间
1 米 ×1 米

列间距
25 厘米；1 厘米间隔条播

最终株间距
25 厘米

收获量
30 束（1 束约 200 克）

堆肥的量
2 千克 / 平方米

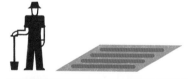

早生千筋京水菜

■ 专家教你栽培要诀　※ 栽培方法参照 P76～P79

　　壬生菜作为日本京都传统的蔬菜也被叫作京菜。早生品种9月上旬开始播种，10月上旬收获。因为播种期处于虫害频发时期，播种的同时最好挂上拱棚。虽然早生品种也可在春季播种，但隆冬时对寒冷抵御力弱，即使有遮霜措施依然会被冻伤。耐寒性强的晚生品种在10月上旬之前播种，12月中旬到次年3月上旬都可以收获。

晚生品种的茎能长成粗大株体，耐寒性高。是很适合下锅的冬季蔬菜。

早生种的壬生菜，容易遭到霜冻的伤害。

小叶茼蒿

[菊科]

种植难易度 简单 | 一般 | 较难 | 难

只要盖好避寒的拱棚，一年中可以充分享受收获乐趣。

■ 推荐品种

里丰（さとゆたか），适合多次采摘侧芽的栽培型品种。中型叶片品种对露菌病的抗病性很强。

■ 栽培的日程表

收获美味果实的时间段
2个半月

	1	2	3	4	5	6	7	8	9	10	11	12
一般地区												
阴凉、寒冷地区												
温暖地区												

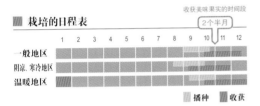

■ 播种　■ 收获

■ 家庭菜园的耕作基准

必要的空间
60 厘米 ×1 米
列间距
30 厘米；1 厘米间隔条播

最终株间距
3 厘米
收获量
约 6 千克（含侧枝）
堆肥的量
2 千克 / 平方米

里丰

■ 专家教你栽培要诀　※ 栽培方法参照 P76～P79

小叶茼蒿既可以整株收获，也可以多次摘取侧芽。如为后者则要先摘掉枝尖，促进侧芽生长，需要 2～3 周的时间。间隔两次播种，可以减少收获的空窗期。抗虫害力强，耐寒力弱。如果要在年内采收的话，最好于 9 月开始播种。采用 1 厘米间隔条播，间苗后最终株间距维持在 3 厘米左右。

摘下枝尖（如箭头所示），侧芽会生长，2～3 周时间即可收获。

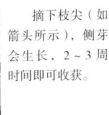

最迟也要在 12 月下旬前盖好无纺布的拱棚，一旦遇到霜冻就会受到伤害。

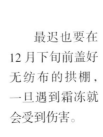

菜花

[十字花科]

种植难易度 | 简单 | 一般 | 较难 | 难

甜中略带苦味，可以品尝抽薹之后的花蕾和茎。

▇ 推荐品种

秋华（秋華），早生品种，抽薹很快，植株会生长出大量侧枝，可以多次采收。

▇ 栽培的日程表

收获美味果实的时间段

3个半月

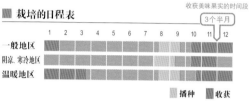

	1	2	3	4	5	6	7	8	9	10	11	12
一般地区												
阴凉、寒冷地区												
温暖地区												

播种 ▇ 收获

▇ 家庭菜园的耕作基准

必要的空间
60 厘米 × 2 米 / 列间距 **30 厘米；1 厘米间隔条播**

最终株间距 **4 ~ 5 厘米** / 收获量 **20 束（1 束约 200 克）**

堆肥的量
2 千克 / 平方米

秋华

▇ 专家教你栽培要诀　　※ 栽培方法参照 P76 ~ P79

抽薹之后，花蕾和茎部可以食用。早生品种耐寒力差，要在寒冷天气来临前趁早收获。推荐在 9 月进行播种。应对害虫对策是在播种的同时挂上防虫网拱棚。当其生长高度接近拱棚时将拱棚去掉。因为花开后味道就不好了，所以要在花开前进行采收。侧枝上也会生长花蕾，可以多次收获。

按条状来播种，最开始保持 4 ~ 5 厘米间隔，如果种得密的话，也可以进行间苗。

花开之前，将茎部柔软的部分一齐切掉。

帝王菜

[椴树科]

种植难易度 简单 一般 较难 难

营养价值高的健康蔬菜，能享受长期收获的乐趣。

▮ 推荐品种

没有什么特别推荐的。帝王菜是近年来才引进日本的蔬菜，品种的分化几乎没有进展。耐暑力强，也几乎不生虫，非常好栽培。

▮ 栽培的日程表

收获美味果实的时间段

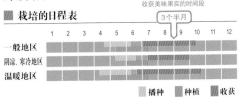

3个半月

	1	2	3	4	5	6	7	8	9	10	11	12
一般地区												
阴凉、寒冷地区												
温暖地区												

播种 种植 收获

▮ 家庭菜园的耕作基准

必要的空间	株间距
60 厘米 × 60 厘米	**30 厘米**

株数	收获量	堆肥的量
2 株 ⇒	**20 束（1 束约 100 克）**	**3 千克 / 平方米**

▮ 专家教你栽培要诀

育苗，最好选择摆放在屋内或者拱棚里抵御寒冷。4 月播种后，5 月就可以进行移苗。5 月之后直接播种也是可以的，播种时每处放 3 粒种子，多株苗同时生长在一处的话，茎部会相对柔软，更加美味。移苗时尽量把多株合种在一处。因为栽培期长，为了抑制杂草和提升地温，最好覆盖地膜。

长到 40 厘米高度时，给主枝摘芯兼收获。用手不费力地采摘下柔软的部分即可。

秋季后开花，结出果荚，当里面的种子完全成熟后就会变成绿色。需要注意的是种子本身带有很强的毒性。

「多种叶类蔬菜一起培育」

叶类蔬菜对空间没有要求。根据季节的不同，可以栽培丰富的种类。挑战多品种一起栽培，让餐桌上的菜肴变得丰富多彩。

无翅猪毛菜
藜科

因为其酷似海生藻类植物鹿尾菜，因此也被称为陆生鹿尾菜。与菠菜同属于藜科植物。不适应酸性的土壤。具有独特的香脆口感。

空心菜
旋花科

经常用于中式菜肴中，中空，稍微有点滑感的蔬菜。喜爱高温多湿的气候，到了盛夏也能茁壮生长，抗病性也比较强，很好栽培。

菜薹
十字花科

越冬前其茎叶很硬，不适合食用，越冬后的3月下旬~4月中旬，结出花蕾的头和枝尖可以采摘。关键是秋季好好地将植株养大。

红菜苔
十字花科

秋季播种，初春收获。是食用其茂盛花茎的蔬菜。多少有点滑感，有点像芦笋的风味。紫红色的花茎和黄色的花看起来很有特点。

芹菜
伞形科

独特的风味与口感很有魅力。不适应低温环境，也不适应夏季的高温，所以在夏季有必要多浇水，遮光的话可以使用日本式"软白栽培法"。

木耳菜
菊科

育成方法与帝王菜一样。是夏季珍贵的叶类蔬菜。茎呈绿色的品种收获量丰富，紫色的则味道比较平淡。

韭菜
百合科

一年中可以收获多次，比较不费功夫的多年生草。株体变老后可以进行分株，分株后又恢复其生长态势。

罗勒
唇形科

香味浓郁的香草，在意大利菜中不可缺少。在田里能够健康生长不需要费什么功夫。可以作为共生作物栽种。

日本柴胡
伞形科

日本古代以来的蔬菜代表。遇霜冻则枯萎，在盛夏的强光高温下，生长会恶化。不适应干燥的环境，有必要适当地多浇水。

芝麻菜
十字花科

芝麻一样的风味，本身带有辛辣感，非常适合用作沙拉。耐寒力强，除了酷暑和严寒时期，全年都可以播种。

大葱

[百合科]

种植难易度 简单 | 一般 | 较难 | 难

根据生长状态来培土，使白色部分变长。

■ 推荐品种

石仓一本太葱（石倉一本太ねぎ），秋冬收获，根深，日本当地品种。抗病性强，栽培简单。软白的部分粗大，柔软。坊主不知（坊主知らず），一株在一年中可以分成 10 株，分株在 9~10 月移栽后可以多年持续收获。

■ 栽培的日程表

收获美味果实的时间段

4个半月

	1	2	3	4	5	6	7	8	9	10	11	12
一般地区												
阴凉、寒冷地区												
温暖地区												

■ 播种　■ 种植　■ 收获

■ 家庭菜园的耕作基准

必要的空间　　　株数　　　收获量
1 米 × 2.5 米 / 50 株 ⇒ 约 50 根

石仓一本太葱

■ 专家教你栽培要诀

杂草生长会让葱变细，所以培育大葱最关键的是除草。培苗时如果使用地膜，可以减轻春秋季节除草的负担。移栽之后，最好在培土的同时除草。但在生长迟缓的盛夏时不要培土，只除草。因为大葱在 3 月末抽薹，最好在 3 月上旬前收获。

1 田地的准备

株间距 15 厘米
列间距 15 厘米
垄宽 70 厘米

最晚在栽种两周前，每平方米堆肥 3 千克，耕好田地后覆盖好地膜。

> 一句话建议
>
> 覆盖地膜，可以节省除草的功夫。

2 播种

1

每处撒 5 粒种子，将种子集中起来，埋进 2 厘米深的穴中。

秋季发芽的苗，冬季停止生长，初春时再次生长。当长到 40 厘米时就适合移植了。

春季如何播种？

3 月播种，收获期要到 11 月，比秋播晚 1 个月。秋播之后杂草比较少，田地比较容易打理一些。春季播种时建议在育苗盒里每穴播 5 粒种子，可以节省除草的功夫，4 月下旬再移苗到田间，等它们长大之后，到了 6 月上旬进行移栽。

3 移栽

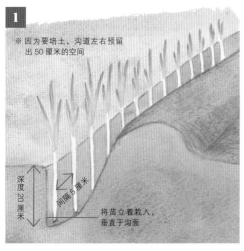

移栽前，挖出 20 厘米深的沟。

一句话建议

用锄头把一侧的土翻上来作种植沟，再垂直于一侧深挖。土壤干燥则容易滑动，让土稍微湿润一点更好作业。苗如果比较矮，挖成 V 字形的浅沟就足够了。

1

※ 因为要培土，沟道左右预留出 50 厘米的空间

深度 20 厘米

间隔 5 厘米

将苗立着栽入，垂直于沟面

5 月下旬移苗，移苗两周前在田里每平方米堆肥 2 千克，耕好田地。

一句话建议

提前做好了田地的准备，移苗时固土、挖沟等作业都会容易很多。

挖出的苗，立于沟的垂直切割面上，每棵苗间隔约 5 厘米。

一句话建议

苗一定要竖立种植，一旦弯曲则再也无法长直。

91

根部覆上浅土，直到看不到根，深度3～4厘米。

一句话建议

葱不适应干燥的环境，根喜好空气，因此在给根部上土时不要压得太紧。

4 培土

移栽2周后，进行第一次培土。注意不要埋住叶苗的分叉生长点，稍微露出点种植沟，同时可以一起进行中耕除草。

5 追肥·培土

第一次培土的2周后进行追肥。每平方米施加500克的波卡西堆肥。

播撒波卡西肥的同时进行第二次的培土。将土培到绿叶的分叉点以下位置为止。这次培土将种植沟基本铺平。

一句话建议

追肥与第二次培土在6月下旬～7月上旬的梅雨季晴天进行，由于波卡西肥需要经过一段时间才能显现效果，所以追肥太迟就不能发挥功效了。

盛夏不要进行培土

盛夏时期大葱几乎不生长，这段时间培土的话会造成生长恶化，因此在盛夏不培土，只进行中耕、除草的作业。

6 培土

9月中旬开始旺盛生长，每个月要培土一次。把土稍微盖住葱白，培土位置到绿叶的侧根分叉点下方为止。白色部分会继续伸长。

7 收获

秋季播种，次年 10 月可以早采。植株侧边土壤用铲子挖松。必要时可以用手拔取植株。

真正的收获在 11 月，随着气温变冷，葱的甜度也增加了。

持续丰收美味果实的诀窍

12 月末，为了御寒，将土覆盖到叶苗的分叉生长点以上的位置。此时，因为作物基本停止生长，覆盖了生长点没有关系。

这样做的话，可以在田地里保护好葱，保持这个状态直到抽薹前，就可以顺利收获，享受持续收获的快乐。

种子怎么采集呢?

大葱如果不收获的话，放在田地里就会抽薹结种。家庭菜园种植的话，一棵结种葱就可以获得足够的种子。6 月当茎部枯萎变成茶色，在黑色种子弹出来之前将其取出，干燥数日后就可以播种了。

93

洋葱

［百合科］

种植难易度 | 简单 | 一般 | 较难 | 难

在肥沃的田地里，适期移苗就能收获漂亮的洋葱球。

▇ 推荐品种

尼奥地球（ネオアース），虽然收获期比较晚，但是球很紧实、保存性高。OP黄（O·P黄）较前一品种，要早2周左右收获。猩猩红（ネオアース），为生吃型红色洋葱，抗病性强，能够安稳生长。

▇ 栽培的日程表

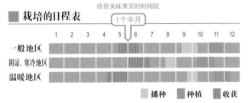

收获美味果实的时间段

1个半月

	1	2	3	4	5	6	7	8	9	10	11	12
一般地区												
阴凉、寒冷地区												
温暖地区												

■ 播种　■ 种植　■ 收获

▇ 家庭菜园的耕作基准

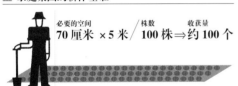

必要的空间 **70厘米 × 5米** ／ 株数 **100株** ⇒ 收获量 **约100个**

尼奥地球

▇ 专家教你栽培要诀

洋葱要栽培成功70%取决于选苗。选筷子般粗细的小苗是比较理想的，让其根部不干燥有利于之后的生长。晚秋移苗，初春开始长大。需要注意移栽的时间，如果晚了就会遇到寒冷和霜柱，导致着根困难，要遵循所在地域的适合移栽期。

1 田地的准备

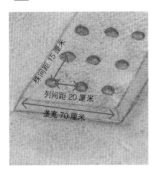

株间距15厘米
列间距20厘米
垄宽70厘米

最晚在栽种两周前，每平方米堆肥3千克，周围施加波卡西堆肥500克，耕好田地。

一句话建议

气温下降之后，将堆肥和波卡西堆肥混入土中，一段时间后它们才能被作物吸收利用。宜尽早准备好田地。

2 选苗

苗的白色部分粗约3毫米，与筷子粗细相似最理想（图中左侧的苗）。细苗难以结球，但如果太粗又容易抽薹。

一句话建议

尽量选择新鲜的苗，根部干燥的苗中途会枯萎。自家种的苗在栽种前要先进行移苗。

3 移栽

移苗时每处移栽 1 株苗，用手指按压进土里，保持照片中标示的列间距，使用箭头所指的棍子进行作业会容易很多。深度以看不到白色部分为标准。

> **一句话建议**
>
> 小苗种植太浅的话容易被霜柱挤出土壤，尽量种到如图中的深度。（译者注：当地表温度低于零摄氏度时，会使土壤缝隙向上蒸发的水汽产生凝结，就形成了霜柱。）

地膜是有效的除草对策

铺上地膜可以节省除草的功夫。以 15 厘米 ×15 厘米间隔开穴比较便利，但在气温上升的收获时期，闷热环境会对洋葱球产生伤害。

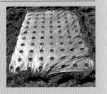

4 避霜

在移栽完 2~3 周后，正式结霜之前，用土或稻壳覆盖植株的底部。如果铺了地膜（如图）就要盖住地膜的洞。如果没有地膜，在田间用脚擦地，给植株底部培土。

5 霜柱的对策

为了防止霜柱将根浮起，12 月下旬开始盖上无纺布膜，到 2 月末气温回升时再将其摘除。

6 除草

初春重新开始生长，必要作业仅除草而已。杂草的苗一旦冒出来就要尽早除掉。

7 收获

5月下旬到6月上旬，叶苗连接根部的部分倒下来时就适合收获了。

一句话建议

一次性收割时，以80%的株体倒下为基准。家庭菜园也可以将倒下的作物依次收割。

握住叶苗与根的连接处将其拔出。

沾有土的洋葱会在保存过程中受伤，尽量选择天气好的日子收获，拔出洋葱后放在田里干燥2~3小时，去除表皮上的土。

红洋葱柔软，适合生吃。但其保存期短，要在9月内吃完。

8 保存

每5~6棵扎成一束，将叶苗用麻绳之类捆在一起。

一句话建议

绳子两端分别扎成两束，就容易挂起来了。但是叶苗枯萎后比较难绑住，最好在收获后马上捆绑。

保存时碰到腐叶会伤害洋葱球，绑结处上方只保留长度4~5厘米的叶苗，其他全部剪除。

放在无日晒通风的屋檐下进行保存，保存性良好的品种可以保存到2月末。

需要注意的虫害与对策

叶苗长出了白斑

春季气温回升，叶苗出现白色斑点（左图），这是洋葱潜叶蝇（右图）和葱蓟马的幼虫在食害叶苗内部时留下的痕迹，虫害多发会引起叶苗枯萎，临近收获期则会影响洋葱球的生长，需要特别留意。

持续丰收美味果实的诀窍

洋葱的细苗可以作为叶用洋葱来培育。种植的间隔只有通常的一半，约7厘米。次年6月，就能收获小球洋葱。到了10月可以再次移栽，第二年3月就可以收获叶用洋葱了。但是其抽薹比较早，最好在4月中旬食用。

3月收获的叶用洋葱，洋葱球只膨胀一点点，叶苗呈现健康的状态。

握住茎叶与根部的连接处将洋葱拔出来。

大蒜

[百合科]

种植难易度　简单　一般　较难　难

在合适时期移植，能让球长得更肥大。

■ 推荐品种

一般在当地种苗店购得的品种，耐病性强，栽种简单。白六片（ホワイト六片），球能培育得很大，白色的皮和鳞片看起来很漂亮。

日本当地品种

■ 栽培的日程表

收获美味果实的时间段

	1	2	3	4	5	6	7	8	9	10	11	12
一般地区												
阴凉、寒冷地区												
温暖地区												

1个月

种植　收获

■ 家庭菜园的耕作基准

必要的空间　　　　株数　　　收获量
70 厘米 × 60 厘米 / 20 株 ⇒ 20 个

■ 专家教你栽培要诀

越冬培育的大蒜需要充足的肥料。与夏季的果菜类一样，要给予充足的基肥和波卡西堆肥。但肥料过多，也容易导致作物生病，适度地控制施肥很重要。若是没有发生病害情况，大蒜的耐寒力很强，很容易栽培。为了节省除草的功夫，最好是覆盖地膜。

1 田地的准备

株间距 15 厘米

列间距 15 厘米

垄宽 70 厘米

最晚在栽种两周前，每平方米堆肥 2 千克，周围施加波卡西堆肥 400 克。耕好田地后覆盖好地膜来防治杂草。

> **一句话建议**
> 田地空间足够的话，可以分两列来栽培，保持列间距 40 厘米、株间距 15 厘米。这样作物能生长得更好。

2 移栽

割下种球后，取一瓣，不要剥掉薄皮，将鳞片的头朝上，埋入土里。

> **一句话建议**
> 选择鳞片大的种球会长得更好。

将其按入土中，达到鳞片上方距离土面约5厘米的深度，再覆土压平。

一句话建议

冬季强风很容易将地膜吹掉，最好在株体还未长大时，在地膜上压一层轻土来固定。株体变大后叶苗上容易残留泥土，这对生长不利。

这么做不费力！

大蒜耐寒性很强，没必要避霜。在移栽时覆上地膜后就可以放任其生长。铺上地膜的田地，在秋季时可用轻土培土，还能起到除草的作用。

持续丰收美味果实的诀窍

4～5月大蒜开始迅速长大，抽薹。将其头子（如箭头所示）尽早摘掉才有利于球体变大。5月中旬前会长出约15厘米长的柔软茎部，这是称之为蒜苗的美味食物。

3 收获

收获在梅雨季开始前的6月上旬。叶苗变黄后就到了适合收获的时期。

一句话建议

轻轻扯就能扯动植株的时候便是收获期。降雨会容易招致病害发生，要在梅雨季开始前尽早采收。

一直到茎部的青色部分消失为止，都不要切掉茎部，让其干燥。

一句话建议

不切掉茎部是为了让茎部的营养转移到球体中，让其更加美味。

4 保存

不要日晒雨淋，在通风的屋檐下吊放保存。如果放入网袋其茎部会脱落。

薤头

[百合科]

种植难易度　**简单**｜一般｜较难｜难

生吃和醋腌能带来不同的可口风味。

■ 推荐品种

没有什么特别的。可分别作为葱和薤头用，根据其用途来选择。可作为薤头也可以当作葱来收获。

■ 栽培的日程表

收获美味果实的时间段
1个半月

	1	2	3	4	5	6	7	8	9	10	11	12
一般地区												
阴凉、寒冷地区												
温暖地区												

种植　■收获葱　■收获薤头

■ 家庭菜园的耕作基准

必要的空间	株数	收获量
70厘米×90厘米	**30株**⇒	**约3千克**（除去覆泥）

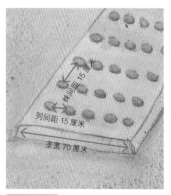

■ 专家教你栽培要诀

适合移栽期从9月秋分开始到10月上旬。越早移栽，长出的分球越多。基本不用担心病虫害的发生。移栽后只要做好除草就可以放任其生长了。如果球体长不大，那就是栽培失败了，主要是种球本身有问题。利用自己收获的种球很容易发生这种情况，所以推荐大家尽量购买种球，栽培起来基本不会发生什么问题。

1 田地的准备

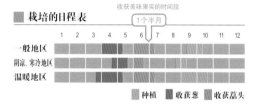

株间距 15 厘米
列间距 15 厘米
垄宽 70 厘米

最晚在栽种两周前，每平方米堆肥2千克，周围施加波卡西堆肥400克。耕好田地后覆盖好地膜作为除草对策。

一句话建议

田地空间足够的话，可以分两列来栽培，保持列间距离40厘米，株间距离15厘米，这样作物能生长得更好。

2 移栽

每处放一个球，将种球头部朝上压入土中，轻轻地覆土压平。

一句话建议

作为葱用的话，可以将种球头部埋入距离地面7~8厘米的深度。用作薤头的话，植入5厘米的深度即可。

3 收获

叶苗分枝生长迅速，4月后就能将其作为葱来吃。

收获腌醋用的藠头，从叶苗开始少量枯萎之时开始。6月中旬梅雨季的晴天适合收获。

一句话建议

腌渍用的话，需要注意收获后其经过日晒容易变绿。作为种球来保存的话，可以装入网袋里悬挂到屋檐下，或者放入冰箱保存。

感受春天的味道

小葱（细香葱）

小葱是在3~5月期间采收的美好蔬菜。10月种植种球，秋季发芽，冬季枯萎，次年初春再次萌发就可以收获了。若是在9月下旬种植，在年内就能收获，但是难以越冬。

在开始种植的2周前准备耕好田地，每平方米堆肥2千克。栽种后可以放任其生长。直到6月其叶片枯萎，可以从田地里挖出球根冷藏保存，秋季可以作为种球来使用。

与大蒜、藠头栽培方式相同的蔬菜

沾醋味增食用也很美味

冬葱（大葱）

大葱口感有些滑，除了药用，沾醋味增食用也很美味。栽培方法与细香葱相同。10月上旬种植种球，3~4月收获。比起小葱，抽薹较早，适合收获的时期较短。另外与小葱不同的是，即使在9月栽培年内也无法收获。

种球与小葱一样，等到6月可以从田地里挖出，放在屋檐下或者冷藏保存，秋季再用来种植。

芦笋

[天门冬科]

种植难易度	简单	一般	较难	难

充足的肥料使植株饱满，收获肥大的子芽。

▓ 推荐品种

欢迎（ウェルカム）和超强壮（スーパーストロング），比起其他品种不明的普通品种，能够收获更多肥大的子芽。

▓ 栽培的日程表

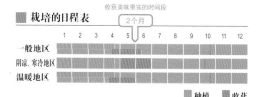

收获美味果实的时间段
2个月

	1	2	3	4	5	6	7	8	9	10	11	12
一般地区												
阴凉, 寒冷地区												
温暖地区												

■ 种植　■ 收获

▓ 家庭菜园的耕作基准

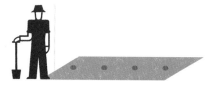

必要的空间　株数　收获量
1米 × 3.2米 / 4株 ⇒ 约20根 (肥大的芽)

从大株开始培育的时期

大株的移栽季节除了严冬期，可以为晚秋 11 月到次年春季 4 月。初春收获芽之后的管理，跟从种子开始培育的流程一样。

1 田地的准备

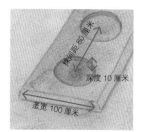

株间距 80 厘米
深度 10 厘米
垄宽 100 厘米

最晚在栽种两周前，每平方米堆肥 3 千克，周围施加波卡西堆肥 400 克。耕好田地。

※ 株间和栽种穴的大小，要与植入株体的尺寸相符

欢迎

▓ 专家教你栽培要诀

从播种到收获要花费一年以上的时间，育成后能够连续收获数年。重点是在肥沃的土里培育。田地里充分施加堆肥和波卡西堆肥，收获后也要施加波卡西堆肥，为了次年植株供给。晚秋可以入手大株进行移栽，次年春季就能收获肥大的子芽。植株每连续收获 2 年后最好进行更换。

2 移栽

1

从秋季开始上市的大株，大小不一，越大的能越早收获肥芽。

为了移栽后能延展大株的根系，挖出深度约 10 厘米的大口浅穴。

放到栽种穴里，根系得到充分伸展。

浅埋到土覆盖住根的程度。初春出芽前除草，之后就可以收获长出来的子芽了。

适合播种期在 3 月。有机栽培需要每两年更新一次株苗，才能收获肥大优质的子芽。从播种到收获要花上整整一年时间，定期播种育苗的话，就能每年不间断地享受收获的愉悦。

1 播种

苗箱里填入约 2 厘米深的培养土，浇水后撒播种子。

覆上轻土，用木板之类的压平土面，再次浇水。

发芽之前一直用无纺布遮盖，防止干燥。将苗箱放入拱棚里避霜，拱棚内温度在晴天上升太快的话，要进行换气。

> 一句话建议
>
> 直接播种的话初期生长缓慢、除草工作繁重，所以更推荐从育苗开始培育。有温床的话，可以用来准备发芽。

2 上盆

发芽约 1 个月之后，长到 10 厘米的高度时，将单株移栽到直径约 9 厘米的花盆里培育。

一句话建议

如果发芽工作准备得不充分，就在苗箱里播种发芽后直接上盆；如果株数少，可以直接在花盆中播种，每盆约 5 粒种子，发芽后再一株株地间苗也可以。

3 移栽

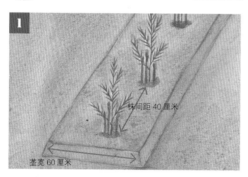

株间距 40 厘米

垄宽 60 厘米

长到 25 厘米高时可以定植到田地里，施放堆肥和波卡西堆肥参照移栽大株时的标准。

移栽 4 个月之后植株的样貌，一年内不要收获，让茎充分生长，株体苗壮成长。

冬季枯萎，存蓄根部的养分。次年初春之时，要注意除草。冒芽之前，在土面轻轻地除草。另外，茎上有霜的话会造成冻害，若担心遭遇迟霜，最好覆盖无纺布进行保护。

4 收获

收获为次年春天的 4 月初到 5 月初。长出芽后，从株体底部采割收获。

持续丰收美味果实的诀窍

6 月后芽变细这时先不收获，让株体继续成长。过了收获期的话，为了次年再收获，要给植株追肥。每平方米施加 500 克的波卡西堆肥，洒在靠近植株底部土层的表面上。初秋以同样的标准再次追肥。

5 防止倒伏

茎叶长大后容易倒伏造成损伤。张开花网（也可以用大孔的黄瓜网代替），在株体周围系上结来固定。

第四章
根茎类蔬菜

白萝卜
芜菁
胡萝卜
土豆
芋头
红薯
山药
牛蒡
生姜

白萝卜

[十字花科]

种植难易度　简单　一般　较难　难

只要在适当时期播种，发芽率高且容易栽培。

■ 推荐品种

　　耐病总太（耐病総太り），味美，秋季高温多湿天气容易引来果蛾是培育难点。冬收圣护院（冬どり聖護院），是不容易产生空洞的圆形萝卜。

■ 栽培的日程表

收获美味果实的时间段

2个月

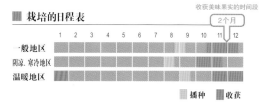

	1	2	3	4	5	6	7	8	9	10	11	12
一般地区												
阴凉、寒冷地区												
温暖地区												

■ 播种　■ 收获

■ 家庭菜园的耕作基准

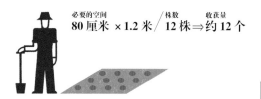

必要的空间
80 厘米 × 1.2 米／株数 **12 株** 收获量 ⇒ **约 12 个**

1 田地的准备

株间距 30 厘米
列间距 40 厘米
垄宽 80 厘米

最晚在栽种两周前，每平方米堆肥 2 千克，耕好田地，立田垄。

── 一句话建议 ──
为了养好白萝卜，充分耕地是诀窍。之前栽种作物留下的残渣，是造成萝卜根分叉的原因，需要特别注意。

耐病总太

■ 专家教你栽培要诀

　　根据地域的不同，秋播虽然可以从 8 月下旬开始播种，但为了避开 9 月上旬多发的食芯虫，在 9 月 10 日之后开始播种是个好办法。对于根顶部露出地面的青头萝卜，为了让其在田地里顺利过冬，最好在寒冬来临前拔出来再重新埋进土里。春播要选择专用品种，2 月下旬到 3 月下旬播种，到了 5 月下旬到 6 月上旬就能收获。

2 播种

1

每处播 2 粒种子。

这么做不费力

　　秋播发芽率高，如果大量种植的话，可以每处只播 1 粒种子，能节省间苗的功夫。春播时如果遇到低温，会导致部分发芽不良，所以每处要播 2 粒。

播种后覆上轻土压平。

3 间引

长出 3 枚真叶后（上图）间苗，原地只留一株苗，将形状发育良好的留下来（下图）。

4 培土

真叶长出 7～8 枚、叶片能竖立起来时，进行培土，培土也兼具除草的作用。尽量小心地将土培到根的顶部，以看不到萝卜根为准。

5 收获

长大的萝卜就可以依次收获了。从播种到收获的时间，因为品种和播种时期不同而各异，耐病总太大约需要 2 个月。

秋冬的萝卜，煮着吃很美味。将萝卜腌制或者切丝晒干来保存都很方便。（参照 P108～P111）

如何预防分叉根

萝卜常常出现分生出很多"侧根"的现象。其原因是土中残留了之前种植的蔬菜残渣，未熟的堆肥，硬土结块等。为了防止分叉根的产生，好好耕地是个有效手段。要尽早准备好完成过渡的田地，务必使用熟透的堆肥。

6 防寒

萝卜在田地里保存，一年之内，以覆盖到叶片的下侧为准进行培土，耐寒力弱的青头萝卜也可以这样保存。冬收圣护院等根顶部不露出土面的白头萝卜，可以在田里维持原样保存到春季。

「一起来加工保存
食用的萝卜吧」

白萝卜是冬季珍贵的蔬菜。可以加工成美食长时间地保存哦。下面介绍阿部家的腌制萝卜和萝卜干的做法。

腌制白萝卜

不用专门的品种也能制作

虽然白萝卜有很多专门用来腌制的品种，但是被广泛栽培的青头白萝卜也可以用来制作。成功的要诀是干燥过程中不要碰到霜冻，夜晚最好取回室内存放，不让其腐烂发霉也很重要。日本关东地区可以选择在12月气温下降、空气干燥、连续放晴的时期进行。

1 干燥白萝卜

洗净留有叶片的白萝卜，束上叶片吊挂起来，在晴天晾干。夜晚为了避免冻伤要取回屋内。

2 干燥约10天时间

一句话建议

干燥得好则更容易保存，但是要注意过于干燥则容易引起腐烂发霉。

干燥到像图中一样能用两手弯曲的程度，需要花10天到15天时间。

3 准备材料

　　干燥的白萝卜、粗盐（4.5%）、粗糖（2.25%）、海带（干海带1千克，约长15厘米×8厘米）、米糠（20%）、辣椒、蜜柑的皮、香橙、柿子等各准备适量。作为工具的腌制桶和保鲜袋也要准备好。

4 切掉叶片

　　去除干燥白萝卜的叶片。叶片留着之后用，先不要扔掉。

5 切掉青头部分

　　青头部分不能用来腌制，可以切下来扔掉。之后可以称出白萝卜的重量。

6 混合米糠和盐

　　准确称出米糠和盐的分量，放在腌制桶等容器里进行混合。

7 添加其他材料，搅拌均匀

1

　　香橙切片，柿子稍干燥后去除果蒂再切片，然后将二者与其他准备好的材料一起放入混合了米糠和盐的腌制桶中进行搅拌。

2

> **一句话建议**
>
> 盐以外的材料，如果没有精准地配比好也没关系。比如米糠的量如果比较多，其味道会更好。

8 把萝卜干摆在腌制桶里

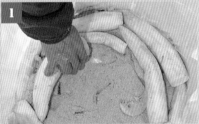

1

2

　　在空的腌制桶里放入保鲜袋，底部铺好混合了各种材料的米糠（如步骤7）。再摆放上干萝卜，干萝卜之间不要留有间隙。

9 填满米糠

摆好一层干萝卜后，再次用混合各种材料的米糠（如步骤7）掩盖干萝卜，填满其缝隙。按这个顺序重复几次操作，堆到接近桶上缘为止。

10 盖上萝卜叶

步骤4中切掉的叶片，用来覆盖在最外层的米糠上。

一句话建议

盖上萝卜叶能让萝卜不露出来，这样萝卜很难变酸，可以腌制得很美味。萝卜叶之后也能食用。

11 封住袋口

将米糠覆盖在萝卜叶上，抽掉袋子里的空气，将袋口用绳子系紧。

12 压上重石

盖上盖子后，压上重石，石头重量最好是萝卜干重量的2~3倍。

13 减少重石

经过10天，在萝卜水分流失后，石头重量要随着萝卜干重量减少而减少。如果一直保持如步骤12那样压着重石，味道就无法渗入到里面。

14 等待一个月完成

约1个月的时间腌制完成。这样的话最好再次压上不会被撑起来的重石。一直到3月都可以就这样放在腌制桶里，之后用保鲜袋装起来放到冰箱里，可以保存到5月。

切干萝卜丝

得益于阳光的恩惠，能轻松保存食用

美味又健康，集万众瞩目于一身的干萝卜丝可以由自己来轻松制作，操作过程是将萝卜切成丝，在晴天晾干。步骤十分简单，保存性也很好。萝卜丝沐浴着阳光，凝聚营养，甜度也会增加。在小萝卜和牛蒡等蔬菜的切丝中也可以运用同样的方法。

1 切成丝

白萝卜洗净后，去除坏了的部分，进行切丝。

> **一句话建议**
> 保持带着皮的状态，会更美味哦。

专用切丝器带来便利

可以用菜刀切丝，量多最好用专用切丝器，更方便，其可以在超市等地方购入。

2 晾干

将萝卜丝铺在网子上放阳光底下晾干，网子下面最好保持通风。就算遭到霜冻也没关系，晚上不用取回室内。连续晴天的话，干燥5天左右。

3 胡萝卜丝也很美味

掌握切丝的要领，也可以制作胡萝卜丝。

芜菁

[十字花科]

寒冷会使甜度增加，建议正月采摘。

■ 推荐品种

天鹅（スワン），能够收获小型、中型和大型的芜菁。绫女雪（あやめ雪），该品种呈紫色，看起来很漂亮。

■ 栽培的日程表

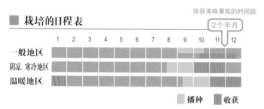

收获美味果实的时间段
2个半月

	1	2	3	4	5	6	7	8	9	10	11	12
一般地区												
阴凉、寒冷地区												
温暖地区												

播种　收获

■ 家庭菜园的耕作基准

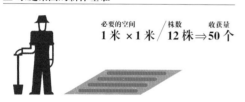

必要的空间　株数　收获量
1 米 ×1 米　12 株 ⇒ 50 个

天鹅

■ 专家教你栽培要诀

播种从 9 月上旬开始到 10 月上旬结束。在害虫频发的 9 月播种要准备好防虫网。10 月播种，因为害虫少，不用防虫网也没关系。12 月上旬菜球要埋在土中避寒。为了培土的便利，9 月播种时的列间距要保持 25～30 厘米的空间。建议 12 月用无纺布覆盖米防寒和避免鸟类食害。

1 田地的准备

列间距 25 厘米

垄宽 100 厘米

最晚在栽种 2 周前，每平方米堆肥 2 千克，耕好田地。

2 播种

种子以 1 厘米间隔条播，进行间苗栽培。最终株间距约为 10 厘米。

3 间引

第一次间苗间隔距离保持 2 厘米，第二次间苗间隔距离保持 5 厘米。最终间隔距离约 10 厘米。

一句话建议

芜菁的间苗是栽培重点。可以与收获同时进行，这样可以少费些苦力。当它们开始拥挤在一起时就采挖收获。

4 收获

收获小芜菁（如图中的大小）。如果精选品种的话，还可以长得更大且美味。

小萝卜生长迅速，非常容易种植

小萝卜生长快，一点肥料也能发育得很好，如果田地之前栽种的是叶类或果类蔬菜，不施加肥料也没关系。在播种 2 周前，准备好每平方米堆肥 1 千克的田地。

在准备好的田地上挖出播种沟，进行 1 厘米的间隔播种。发芽之后，以 2～3 厘米的间隔进行间苗。

小萝卜长大到这种程度就可以采收了。需要注意的是收获过晚会发生根裂。

胡萝卜

[伞形科]

种植难易度 | 简单 | 一般 | 较难 | 难

覆盖上寒冷纱，确保发芽。

海边五寸

▋推荐品种

瞳五寸（ひとみ五寸），甜度高的鲜红色品种，不适合越冬。海边五寸（はまべに五寸），颜色稍淡，味感浓郁的美味品种。培土之后直到冬季前都留在田在里。来梦五寸（らいむ五寸），3月下旬之前都留在田里。

▋栽培的日程表

收获美味果实的时间段

3个半月

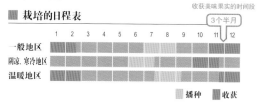

	1	2	3	4	5	6	7	8	9	10	11	12
一般地区												
阴凉、寒冷地区												
温暖地区												

■ 播种　■ 收获

▋家庭菜园的耕作基准

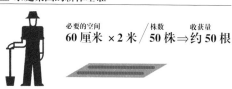

必要的空间　株数　收获量
60厘米 ×2 米 / 50株 ⇒ 约50根

▋专家教你栽培要诀

夏季播种、秋冬收获的胡萝卜，在防止田地干燥的同时，如何保持良好的发芽率是栽培的重点。虽然在梅雨季开始前尽早播种会容易发芽，但也容易造成抽薹。若在梅雨季之后播种，频繁浇水的话，土质硬化会阻碍发芽。因此，可播种后用黑色的防寒纱覆盖在田地上，防止干燥。生长初期田地容易杂草丛生，除草工作也不可欠缺。

1 田地的准备

列间距 20 厘米

垄宽 60 厘米

最晚在栽种两周前，每平方米堆肥 3 千克，耕好田地。

2 播种

播种之前轻耕田地，将田地整平。挖播种沟，以 1 厘米间隔为单位进行播种。

一句话建议

播种前再次耕土，在土表面湿润的状态下播种，能更好地促进发芽。容易干燥的时节，作业最好在傍晚进行。

覆盖薄土到看不到种子的程度，然后用手压实。

3

播种之后，在田地覆盖好黑色的防寒纱，防止干燥。

这么做不费力

胡萝卜的播种期接近梅雨季开始前，此时气温高降雨少，田地容易变干燥。因此，在发芽前一直浇水还是挺费功夫。而如果铺上黑色寒冷纱可以有效防止干燥，更好地促进发芽。

4

当小苗钻出土面发芽，长齐2枚真叶后，将寒冷纱移除。

一句话建议

罩上寒冷纱，小芽就不易枯萎，在连续晴天里，可以一直盖到小苗长齐2枚真叶之后。一旦降雨，发芽之后就可以马上移除寒冷纱，这样小芽能够顺利迅速生长。

3 除草·中耕

除草和中耕在杂草长大之前进行2次。第一次在播种完2周后，第二次在第一次的2周后。也可以使用图中的工具，在窄道中耕作。

4 间苗（第一次）

1

2

间苗2次能够达到最终适合的间隔。第一次在播种1个月之后长出2~3枚真叶的时候，间苗保持2~3根手指粗的距离（4~5厘米）。

需要注意的虫害与对策

注意金凤蝶的幼虫

金凤蝶的幼虫出现在株体，像毛毛虫一样食害叶苗，为了避免它发展到整个田地，见到之后马上消灭。

5 间苗（第二次）

在第一次间苗完的 2 周后，间苗 2 次。保持 7～8 厘米的间隔。以男性拇指和食指展开后的距离为基准保留一株。

间苗后的胡萝卜叶与根都是可以食用的。做成沙拉或者用油炸着吃都很美味。

享受各品种不同的滋味

胡萝卜品种不同，其收获期与味道也会有差别。一次栽种多个品种，可以体验到不同的美味。

6 收获

叶苗长大后将胡萝卜拔出。在阳光下晒 10 分钟让其干燥，不会对其造成伤害。需要将胡萝卜头埋在地下的品种，只需要做好培土，就能越冬。

一句话建议

7 月播种的早收品种在 10 月上旬开始就能收获。只是，初期叶片片长大但根部依然小，需要等到发育得更大时再尝试采收。

防止分根与裂根

若土壤中有未熟堆肥的硬土和小石等则会造成图左侧的分根。有时候间苗太迟，容易与旁边的萝卜缠绕在一起发生变形。图右侧是过了收获期却长时间放在田里造成的裂根。生长初期的水分剧烈变化也会引起裂根的发生。

持续丰收美味果实的诀窍

第 1 切掉叶片来保鲜

拔出来的胡萝卜，若上面带着叶片，则容易吸收根部水分，使胡萝卜加速老化，收获之后最好在田里把与叶片的连接处切掉。

第 2 在田里越冬后到3月放入冰箱

在田地里越冬的胡萝卜，3月开始抽薹。在这之前全部拔出，切落叶片，用保鲜袋包好放进冰箱里，可以保存到5月。

第 3 挑战容易发芽的春播

胡萝卜的保存性比较好。不仅夏季可以播种，春季也能播种。一年中能长期在餐桌上吃到。春季播种只要发芽不失败，就很容易栽培，只是春季播种，要选择抽薹比较晚的品种。向阳二号（向陽二号），就是春夏皆可播种的品种，抽薹晚，耐暑力也比较强。由于春季容易发生根裂，选择黑田五寸等比较难裂根的品种，可以安心地栽培。播种时可以利用有孔地膜，每处放 7～8 粒种子。间苗在发芽2周后进行，每处留苗 2～3 株，如果苗的高度达到20厘米，每处就只要留1株。高温多湿的环境下植株容易受伤，长大之后开始收获，6月下旬要全部采收完毕。

为了保温和抑制杂草，最好利用地膜。每隔15厘米开个穴，每处点播 7～8 粒种子是很便利的。

春季播种后不用黑色寒冷纱来遮盖，而是罩上无纺布。为了使其不被强风刮走，要用固定工具或土好好压紧。

土豆

[茄科]

种植难易度 | 简单 | 一般 | 较难 | 难

不适应高温多湿的环境，保存在通风的田地里能顺利培育。

■ 推荐品种

　　北明（キタアカリ），色彩鲜艳，松脆的口感一级棒。只是要注意容易煮烂，长太大容易有空洞。丰城（トヨシロ），耐病性强，难煮烂，拥有芽眼凹陷很浅，皮薄等优点。

■ 栽培的日程表

收获美味果实的时间段

1个月

	1	2	3	4	5	6	7	8	9	10	11	12
一般地区												
阴凉、寒冷地区												
温暖地区												

■ 种植　■ 收获

■ 家庭菜园的耕作基准

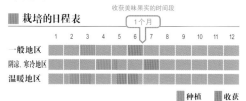

必要的空间 **1.5 米 × 4.5 米** / 株数 **30 株** ⇒ 收获量 **约 20 千克**

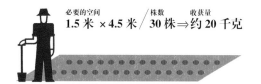

近者为北明，远者为丰城

■ 专家教你栽培要诀

　　日本比较知名的土豆品种有男爵芋和五月皇后，适合有机栽培的品种北明和丰城具有优异的耐病性。自家采收的土豆种芽因为容易携带各种病原菌，不建议大家使用。一定要购买土豆种芽来使用，下面介绍如何不费功夫地分芽。

1 田地的准备

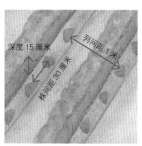

深度15厘米
列间距 1 米
枕间距 30 厘米

　　最晚在栽种 2 周前，每平方米堆肥 2 千克，耕好田地。

一句话建议

　　注意不要施加过多肥料。土豆长大之后容易变中空，也更容易生病。如果之前栽种的作物留下了很多残肥，田地不施肥就可以直接种植。

"浴光催芽"让土豆肥大

　　为促进土豆初期生长，让其变肥大，将种茎摆放在日光下的温暖场所（上图），让其生长出绿色的短芽（下图）。这个步骤在移栽前 2～3 周进行。由于遇到霜冻芽会枯萎，夜晚最好拿回屋内存放。虽然有点费功夫，但只要长成低矮的株体，就能放心地栽培了。

2 准备种茎

接近种茎的顶部，芽呈螺旋状生长。这是与株体连接部分（底部）的另一侧。

这么做不费力 !

种球的顶部纵横切成 4 等分，没有必要特别严格地分，按大概的感觉切，保证每一块都有完整的芽，尽量均分就可以了。

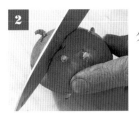

用刀切入顶部，分成两瓣。

一句话建议

推荐选择中型尺寸（约 100 克）的种茎。很容易分成 4 份，肉质也不错。比如北明这种大型尺寸（150 克以上）的品种，容易发生中间空洞的现象。

把中型尺寸的种茎分成 4 等分，大型尺寸的分成 6 等分。

这么做不费力

在种球茎小的时候切割，因为其芽数的限制，不必进行分茎。

种茎在切分之后，最好放在阴凉的地方一天，晾干其伤口，这样病原菌就难以进入。但长时间放置的话，需要注意切口上容易滋生细菌。

一句话建议

切分种茎、晾干切口的作业，最好在连续 2 日都是晴天时进行。在降雨的日子操作的话容易产生病害。

3 移栽

挖出深度约 15 厘米的栽种沟。

一句话建议

植株之间的叶片互相接触容易产生疾病，因此列间距最好宽点。

株间距为 30 厘米，种植沟里放入种球。保持足足 1 米的列间距，覆土的厚度以 5 ~ 10 厘米为标准。沟中间略凹进地面 5 厘米。

一句话建议

若种球的切口朝下，顺着芽生长的方向培土会更容易些。若种球切口朝上的话，种球虽然会变大，但芽会生长得散乱。

4 除草

移栽开始 1 个月后，在芽冒出来之前，将地表的草除掉。芽如果被埋在土里会造成生长恶化，出芽后再除草就迟了。

5 培土

1

分两次培土。第一次是在除草后的 2~3 周后，在芽长高后进行培土顺便除草，轻轻地培土到不会埋住叶苗的程度。

2

第二次培土在 5 月中旬，培土时不要埋到叶苗，培土到遮住株底茎部的程度。

株底的土不要凹陷

培土时如果在土的顶部留下凹面（如图），一旦积水则容易产生病害，培土完成后用锄头将土的顶部削成山尖形。

种球

如所指向的部分，培土的顶部呈山尖形最好。

保持充裕的列间距离，不要错过除草和培土的时机，田里保持通风的话就会难生病害。土豆不适应高温多湿的环境，这是很重要的一点。

需要注意的病虫害与对策

使叶片产生黑点的疫病

持续高温多湿会让植株变脆弱，容易产生疫病。有疫病的土豆保存性变差。疫病若继续发展，植株枯萎之后土豆也会腐烂。遇到疫病发生，在受害范围没有扩散前，尽早收获。染上病的植株要尽早挖出来收获，将其移到田地外也很重要。

食害叶片的"伪瓢虫"

吃蚜虫的瓢虫对田地里的蔬菜很有益。与其相似的伪瓢虫（二十八星瓢虫、马铃薯瓢虫等）却会带来困扰，其会食害茄科蔬菜和黄瓜等作物的叶片。趁被虫害的土豆较少时，看到害虫就捕杀。上图是成虫，下图是出现在土豆叶里的虫蛹。

6收获

植株上部开始枯萎时，就到了适合收获期。

持续丰收美味果实的诀窍

第1 在土壤干燥的日子收获

在土壤湿润时挖掘土豆的话，其容易粘上泥土，会造成保存中的伤害。最好在土壤干燥的日子收获。尽量用手挖出土豆，不要伤到它的外皮。有机栽培的情况下，土豆在生长期后半段容易产生病害，尽早收获为好。

第2 干燥的同时收获

挖出来的土豆，不要堆在一起，要使其表面的土干燥。如果长期日晒，其绿化之后会带有毒性，干燥1~2小时后取走。

第3 保存在通风性好的阴凉场所

将土豆保存在通风性好的箱子里，再放到阴凉场所。箱子上覆盖黑色的遮光网来遮挡紫外线、保持通风。一定要将有病的土豆拿出去，受伤的土豆也要尽早吃掉，每隔一段时间要检查土豆的状态，看

是否有受伤的土豆出现。如果将受伤土豆留在箱子里，会造成周围的土豆也受伤。冬季最好放在不会发生冰冻的场所保存，一旦气温变暖会导致其长芽。

芋头

[天南星科]

种植难易度 | 简单 | 一般 | 较难 | 难

丰收的关键是频繁培土。

■ 推荐品种

　　土垂（土垂），是食用子芋的小型品种，味道很美味，栽培起来很简单。石川早生（石川早生），可食用其子芋。小小圆圆的形状，烧着吃很美味。

土垂

■ 栽培的日程表

收获美味果实的时间段

3个月

	1	2	3	4	5	6	7	8	9	10	11	12
一般地区												
阴凉、寒冷地区												
温暖地区												

■ 种植　■ 收获

■ 家庭菜园的耕作基准

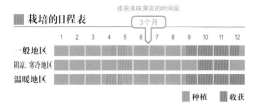

必要的空间 1.5 米 × 3 米 ／ 株数 10 株 ⇒ 收获量 约 10 千克

■ 专家教你栽培要诀

　　将母芋作为种芋使用，其发育会很快。市面上出售的种芋基本都是子芋。如果大子芋上面的芽受伤了，也可以培育其长出侧芽。栽培芋头的重点是培土。只是一次培土并不能让芋头变大，分三次培土是关键。梅雨季前后不要让它保持干燥也是重点。

1 田地的准备

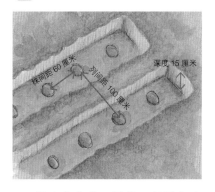

株间距 60 厘米　列间距 100 厘米　深度 15 厘米

　　最晚在栽种 2 周前，每平方米堆肥 2 千克，耕好田地。

2 移栽

1

　　用铲子将左右两侧土铲开，挖出深度约 15 厘米的种植沟。

2

　　种芋埋进沟里，保持间隔约 60 厘米。

一句话建议

　　虽然芽朝下种植会增加收获量，但是为了让子芋往外延展，多次培土是很有必要的。芽朝上种植的话，管理会更轻松。

覆土到残留一点点沟的程度，之后在第一次培土时填平。第三次培土时使其变高，过程比较辛苦。

3 培土

培土兼具除草的功能，第一次在出芽之前的5月中旬进行，第二次在其后20天，6月上旬至下旬。第三次培土要培到看不到子芋的芽的程度。

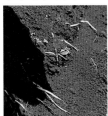

需要注意的虫害与对策

病虫害虽然少，但还是要注意芋双线天蛾的幼虫。其身体上的刺是无毒的，见到之后可以立刻捕杀。

也要注意斜纹夜蛾的幼虫，当幼虫群体食害叶片时很容易捕杀。

4 收获

持续丰收美味果实的诀窍

9月中旬开始尽早挖掘。10月开始可以正式收获了，在发生数轮霜降之后的12月初，将其全部挖出。在调理期可以少量收获，为了用于保存要全部收割为宜。

先切掉其茎部，不要伤害到埋在土中的芋头，要小心地用万能铲挖土。

将食用的小芋头拿出来，保存用的母芋和子芋可以连在一起放置在田里。选择小点的母芋作为种芋保存。

5 保存

用稻草覆盖地面的芋头，然后盖上30厘米厚的土。为了方便中途挖出来，家庭菜园保存在地洞里也没关系。深度60厘米以上的洞，底部铺上稻壳，洞口盖上屋顶状的稻草再覆土。

红薯

[旋花科]

种植难易度　| 简单 | 一般 | 较难 | 难 |

无需肥料不费功夫，在高垄里能长更大。

▓ 推荐品种

固定品种红东（ベニアズマ）是谁都喜欢吃的美味品种，个头肥大，收获量多。除了因为口感甜而很受欢迎的红遥，高系14号（高系14号）、紫色甜大人（パープルスイートロード）和蜜芋（蜜芋）也值得推荐。

▓ 栽培的日程表

收获美味果实的时间段

1个半月

	1	2	3	4	5	6	7	8	9	10	11	12
一般地区												
阴凉、寒冷地区												
温暖地区												

■ 种植　■ 收获

▓ 家庭菜园的耕作基准

必要的空间	株数	收获量
1米 ×3米	10株⇒	约10千克

红东

▓ 专家教你栽培要诀

红薯作为拯救荒地的法宝，很少需要肥料。吸收的肥分如果太多，红薯会因为长蔓而使块根变小。平常施过肥的田地，不需要加肥就能很好地培育红薯。移栽之后不需要除草也不需要盖地膜，非常省力。

---

1 苗的准备

将苗用上下两根带子绑直。如果是购买的苗，同样需要将其绑直。

一句话建议

绑直的小苗，适合在覆盖了地膜的田里，直接插入栽种穴。

为了更好地发根，将苗放入水深约1厘米的桶中，仅让苗的切口处沾到水。

3

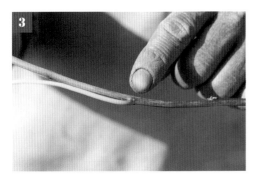

　　适合移栽时期，生长节处会长出 1~2 毫米的根。一般是放进水里 3~4 天后开始发根。

一句话建议

根太长的话，移栽时会容易折根。购苗也要尽量选择根短的。

自己培育蔓苗

　　家庭菜园里，一般购入蔓苗来种植红薯。如果自己培育蔓苗，可将红薯放在温床里。没有准备温床的田地，在气温上升的 4 月架设塑料拱棚，将红薯放入其中也能培育出蔓苗。

温床上铺上腐叶土，放上红薯，再用腐叶土和稻壳盖上。

当蔓长到 50~60 厘米，先剪掉 30 厘米左右进行培苗。这样可以不断地获得苗。

2 田地的准备

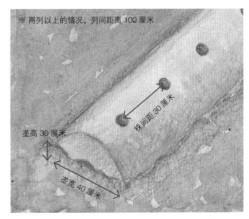

※ 两列以上的情况，列间距离 100 厘米

株间距 30 厘米

垄高 30 厘米

垄宽 40 厘米

　　不要施肥，搭半圆形的田垄，高度约 30 厘米，覆盖好地膜。

一句话建议

高垄能够使红薯长得肥大，享受收获的快乐。

3 移栽

1

　　用棍子从地膜上刺入田垄中间，作为种植穴。

一句话建议

将苗垂直插入，就能让块根长得更大，但是数量变少。若把苗横着栽入，红薯个头小但是数量会多点。不同品种红薯的情况也会有差别，比如红东更适合斜着 45 度角栽入。

将苗深插入栽种穴，只露出头部的叶片即可。

轻压地膜，使苗充分固定在土里。

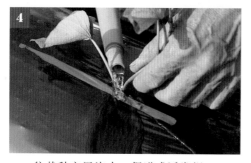

往栽种穴里浇水，促进成活发根。

晴天的日子里，叶片直接接触到地膜则会因为高温而枯萎。为了防止这种现象发生，最好在植株底部放些土。

一句话建议

铺在地膜上的土之间如果有空隙，其内部高温会造成苗枯萎（如图），尽量让地膜与土之间不要留有空隙。

移栽后，将苗淋湿，着根之后叶片会迅速立起来并长出新叶。

促进红薯数量增长的"水平种植"

想要增加收获的红薯数量，推荐采用水平种植。使用节数多的大苗，埋入土中，随着节数增加，形状小的红薯数量也会增加。只是这种种植方式，不能使用地膜，除草比较费功夫。

从分节处生长出根系，结成果实。

4 除草

当枝蔓延展到地膜外，就需要除草。叶片开始繁殖的话就没必要除草了。

5 收获

不要伤害到红薯，一边拉扯蔓，一边用手挖，若是土太硬的话，可以用万能铲来挖，注意要从侧边铲入土中。

一句话建议

土壤干燥的话，红薯既不会变脏也容易挖掘。下雨后挖掘，红薯需要花数天时间来干燥之后再保存。

收获之时，首先用镰刀等切下蔓，将叶片和蔓堆放在两侧地上。然后去除地膜取出红薯。

尝试挖掘，确认大小

红薯的适合收获时期从 10 月末到 11 月初，挖早了也许味道还没出来，但其耐寒力差，不能太迟收获。可以尝试挖一下确认大小，再依次挖掘出来。5 月初植入的话，9 月末应该会长到相当大了。如果味道不怎么甜的话，可以放在太阳下晒一周，注意不要被雨淋到。

山药

[薯蓣科]

种植难易度　简单　一般　较难　难

块根短的品种在高垄里浅植就能快乐丰收。

▓ 推荐品种

银杏芋（イチョウイモ），其长度短，收获时容易挖掘，值得推荐。短形自然薯（短形自然薯），也比较容易挖掘。黏度高，味道好。

▓ 栽培的日程表

收获美味果实的时间段

2个月

	1	2	3	4	5	6	7	8	9	10	11	12
一般地区												
阴凉、寒冷地区												
温暖地区												

▓ 种植　▓ 收获

▓ 家庭菜园的耕作基准

必要的空间　　株数　　收获量
40厘米 × 3.2米 / 8株 ⇒ 约8个

短形自然薯

▓ 专家教你栽培要诀

如果选择了山药根部很长的品种，挖掘是件令人烦恼的事儿。推荐选择根部长度顶多50厘米的短型品种。田垄高的话，短型品种长到30厘米左右挖掘最好。用普通的铲子就可以收获。如果选择长型品种，最好在种植时让山药伸入PVC管之中，可以节省一些功夫。收获在晚秋开始后。初春前都可留在田地里。

1 田地的准备

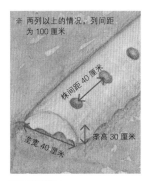

※ 两列以上的情况，列间距为100厘米

株间距 40 厘米

垄宽 40 厘米

垄高 30 厘米

在移苗的2周之前，每平方米施加堆肥2千克，耕好田地。弄好半圆形的田垄，高度约30厘米，覆盖好地膜。

一句话建议

在高垄里收获时，挖掘很轻松。因为栽培期长，铺上黑色地膜能有效抑制杂草。

2 架立支柱

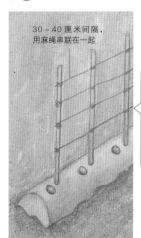

30～40 厘米间隔，用麻绳串联在一起

株间直立插入的支柱，通过麻绳等串联在一起。

一句话建议

架立支柱，为了让蔓能卷在上面。这样的话对形状并没有约束。只种两根苗的话，可以用合掌式的支柱，或者采取铺网子的方式。

3 移栽

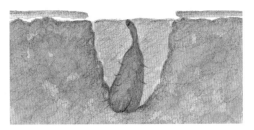

　　市面上出售的山芋种球，出了芽的不要。小的话就可以直接移栽，大的话需要切分成50克~70克大小的块，干燥切口后再移栽。一般的山芋种球是横着种入土中的，但是铺上地膜后很难横着放，最好是立着栽入。覆土到基本看不到种球就可以了，浅植更方便收获。只是在芽冒出来之后，要将芽好好埋入地里。

4 诱引

　　最开始将蔓与支柱或网子绑结以进行诱引，之后它会自然缠绕，不需要管理。

一句话建议

　　强风等吹倒支撑柱时，要尽快扶正。若蔓往下伸，会结出大量无花果，导致山药长不大。

5 收获

　　到了10月地面上的枝叶开始枯萎，移除支撑柱和网子，开始收获。

　　短型品种会往土下横向扩展。为了不伤到山药，收获时应尽量挖掘出大点的洞。

　　山药耐寒力强，不挖出来的话可以一直在田地里放到春季。到了必要的时候再享受收获的乐趣。

尝试自己培育种球

　　山药的种球价格比较高，因此，农户会将上一年收获的山药下端卖掉，上端留约20厘米作种球使用。为了维持发芽率，可以将其种到花盆里发芽之后再移植。

　　另外，蔓上秋季长出的"无花果"，与大米一起煮很好吃。这种"无花果"也可以当做种球，其在次年播种，发芽后每隔7~8厘米间苗一株，秋季可以长出约20厘米的山药。不要食用这些山药，可以全部作为第二年的种球使用。

每株苗种到直径约10厘米的花盆里。

在地面上结出的"无花果"。

牛蒡

[菊科]

种植难易度 | 简单 | 一般 | 较难 | 难

在发芽前彻底除草。

■ 推荐品种

大浦太牛蒡（大浦太牛蒡），约为 50 厘米的短根，栽培和收获比较容易。就算长大后发生中空情况，其口感都不怎么变。

■ 栽培的日程表

收获美味果实的时间段

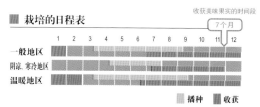

	1	2	3	4	5	6	7	8	9	10	11	12
一般地区											7个月	
阴凉、寒冷地区												
温暖地区												

■ 播种　■ 收获

■ 家庭菜园的耕作基准

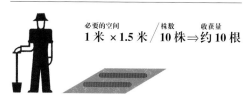

必要的空间　株数　收获量
1 米 × 1.5 米 / 10 株 ⇒ 约 10 根

大浦太牛蒡

■ 专家教你栽培要诀

牛蒡在收获时的挖掘工作比较辛苦。短根品种会更好挖一点。若土中有未分解的堆肥等，会造成分根。因此要早点准备好田地。种子喜光，所以浅埋即可。播种后要等一段时间才发芽，初期生长比较缓慢，认真除草是关键。

1 田地的准备

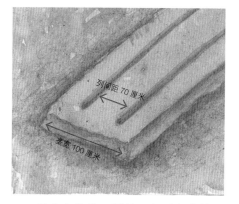

列间距 70 厘米

垄宽 100 厘米

最晚在栽种 2 周前，每平方米堆肥 2~3 千克，耕好田地。

2 播种

播种时每粒间隔 2 厘米，按压入土里，浅埋，覆上薄土。

一句话建议

大浦太牛蒡虽然春季能播种，但过早播种的话到冬季会长太大。6 月播种，10 月至次年 3 月可以持续收获。

3除草

为了使田地不长杂草，在发芽前要除草。播种后1~2周发芽，初期生长缓慢，要认真除草。

> **一句话建议**
> 手碰触到小芽会影响其生长，拔杂草的时候注意不要伤到了芽。

需要注意的虫害与对策

小苗从基部开始被截断倒下

芽从基部开始截断倒下，这可能是根切虫造成的。发芽后2周之内，容易受害。挖开倒下的芽的四周，一旦发现隐藏的幼虫要立即捕杀。

4间苗

间苗分两次进行，第一次在长出3枚真叶时，每株保持间隔约5厘米。

第二次间苗在真叶长出4~5枚时，每株保持10~15厘米间隔。

5除草·中耕

在叶片长到相当大之前，对土面进行轻耕与除草。若是碰触到了植株基部的生长点，可能造成其生长停止，作业时需要非常慎重。

> **一句话建议**
> 当株体成长到相当高大时，在其四周除草时不能使用镰刀，最好用手来处理杂草。

6收获

大浦太牛蒡播种后约100天就能收获。长度约50厘米的牛蒡，用普通的铲子就能挖出来。

在离植株稍远些的地方铲入，挖掘出30厘米左右深的土，再握住牛蒡基部将其拔出。

放在田地里，等到3月末之前依次收获。

普通品种长大之后容易中空和口感变硬，大浦太牛蒡即使发生中空现象，其味道也依然可口。

> **一句话建议**
> 如果想在田里尽量放久一点的话，初春时去除掉地面上的芽。牛蒡可能会稍微有点变硬，但可以保存到5月。

生姜

房州赤目

[姜科]

种植难易度 | 简单 | 一般 | 较难 | 难

关键是初期的除草与防止干燥的铺草作业。

■ 推荐品种

大身生姜（大身生姜），是根茎能长得很大的品种，适合作为根姜收获。房州赤目（房州赤目），根茎比较小，适合作为叶姜。

■ 栽培的日程表

收获美味果实的时间段
1个半月

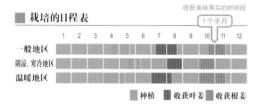

	1	2	3	4	5	6	7	8	9	10	11	12
一般地区												
阴凉、寒冷地区												
温暖地区												

■ 种植　■ 收获叶姜　■ 收获根姜

■ 家庭菜园的耕作基准

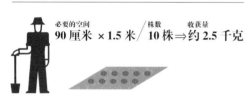

必要的空间　90 厘米 × 1.5 米　/　株数　10 株　⇒　收获量　约 2.5 千克

■ 专家教你栽培要诀

夏季收获叶姜，秋季收获根姜。用作根姜的品种间苗之后也能作为叶姜来栽培。这样的情况下，最好多栽培些。喜好强光，放在半日阴的场所也能很好地生长。巧妙培育的诀窍是初期除草与防止干燥。耐寒力弱，霜降之前要挖掘出来。

1 田地的准备

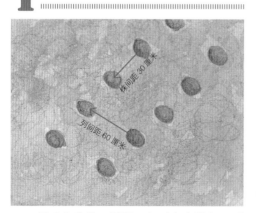

株间距 30 厘米

列间距 60 厘米

最晚在栽种 2 周前，每平方米堆肥 2 千克，周围施加波卡西肥 200 克。耕好田地。

2 种姜的准备

大的种姜要进行分芽，切口处需要干燥 2～3 天后再移栽。芽如图所示，从朝上的部分冒出来。

一句话建议

种姜过小的话，只会长出弱芽。大小选择的标准是每个重 50 克左右为宜。

3 移栽

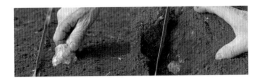

种姜每隔 30 厘米埋入土中（左图），覆盖上土（右图）。种姜的上端离地面约 5 厘米深度最合适。

4 除草

初期生长迟缓，到发芽大约要花 1 个月时间。田间若有杂草也会造成作物发育不良，发芽前轻轻刨土除草。

一句话建议

可以采取在花盆里先育苗再移栽的方法来对付杂草。虽然可以覆盖地膜，但芽会向四周伸展。所以在 1～2 株苗发芽后，就可以除掉地膜了。如果一直盖着地膜，芽可能会烧化。

5 防止干燥

培育姜的关键之一就是防止干燥。出芽后铺上稻草或柴草就可以。

一句话建议

铺稻草之前，要好好除草，将稻草紧密放在一起，能够抑制杂草。

这么做不费力！

生姜在半日阴的场所能够很好培育，可以利用长得很高的玉米和番茄下的阴凉场地来种植，可有效活用空间，对防止干燥也有好处。

6 叶姜的收获

夏季是叶姜收获的季节。叶姜水分多的话可以使辛辣度保持稳定，带来适合夏季的爽口味道。有些品种间苗后也可以作为根姜来收获，可以预先多种植一些来享受这种乐趣。

7 根姜的收获

充分地生长之后，在霜冻之前收获根姜。

一句话建议

生姜比芋头更不适应寒冷天气，趁着初霜来临前，叶片还是绿色时挖出来。遇霜后叶片开始枯萎，这时收获也不能长久保存。

8 保存

为了保存根姜，可挖个深度约 60 厘米的洞，将稻壳与姜混合埋入洞中，再盖上塑料膜防止雨水。

一句话建议

为了方便冬季取出，可以在仓库中挖掘洞穴保存。在穴底用稻壳覆盖，将姜摆成一排，用稻壳覆盖到看不到姜的程度，再添入第二排姜，最后堆积到地面的高度后用稻壳完全覆盖。

133

第五章

有机栽培与农田作业的基础

农田的基础操作，只要准备好这些

从准备田地到收获，蔬菜的栽培有几个共通的基本操作。记住整体流程与诀窍，就迈出了生产优质蔬菜的第一步。

1 田地的准备

蔬菜通用

在播种或种苗之前，准备田地是必不可少的步骤。需施放作物生长不可以缺少的肥料，肥料不足或过多，都会对作物生长有不利影响。根据作物品种适当调整施肥分量。

在有机栽培时，肥料的基础是堆肥。但是未熟的堆肥会造成作物发育不良，要在播种或移栽的2周前将其添加到田地里。（详细参照P144）

像果类蔬菜等对肥料需求量大的，在田地准备过程中，堆肥里也要加入波卡西堆肥。

波卡西堆肥是由米糠等众多材料发酵而成，肥效更好。

一年要施肥数次，不只是春季。为了迎合蔬菜的生长需求，也需要加入堆肥保持足够的地力。

耕作土豆的田地，冬季将遮雨棚移除，撒上波卡西堆肥，让雨淋透肥料以渗入土壤。

2 立田垄

蔬菜通用

蔬菜栽培场所，通过一定的间隔，堆起筋状土，称之为"田垄"，也可以称之为"田床"。

田垄需要保持良好的排水性与透气性。排水性好的田地就没有必要立起田垄了。

另外，田垄的高度是由田地的排水性来决定的。排水越差，田垄越高。

3 播种（育苗）

主要是根茎类和叶类蔬菜的部分品种

播种不能太早也不能太迟，选择合适的时间段进行播种很重要。适合播种的时期从 1 周到 10 天不等，是非常紧凑的一段时间。根据品种和地域的不同，也可以向周围的务农者打听。要回避每年气候变动的灾害时期。在适合播种的时期内分多次播种也是个好办法。播种主要有三类方法：条播、点播、撒播，可根据蔬菜的种类来灵活使用。

条播

在深度约 1 厘米的沟里，沿着沟道播种。适用于小松菜和菠菜等。

点播

保持一定间隔在每处播种数粒。适用于白萝卜等。

撒播

在整个田地里撒种子。适用于小萝卜等。

4 间苗

主要是根茎类和叶类蔬菜的一部分品种

胡萝卜第一次间苗。间苗的时机很重要。注意不要扯起来本应该留下来的小苗。

如果将蔬菜密集播种在一块，它们会竞相生长，甚至拥挤在一起，为了更好地培育，留下其中发育得好的芽或苗，将发育不良的拔掉，即为"间苗"。比如胡萝卜，播种 1 个月后间苗距离为 4～5 厘米，两周后间苗距离为 7～8 厘米。

5 移栽

主要是果类蔬菜

在适合移苗期，也就是苗体发育到适当大小时进行移苗最好。番茄和茄子等夏季蔬菜，移栽时不用担心霜冻的发生。另外，茄子这类蔬菜移栽时尽量浅植，而黄瓜一类的蔬菜则稍微深植一点，也能牢固地着根。

在合适时期移栽番茄苗。茎部长得很粗，在第一花房的花开之前移栽为宜。

移栽黄瓜苗时，尽量深植一点。

6 支柱·诱引

支撑柱可以防止果菜蔬菜结果后倒伏。藤蔓性植物为了省空间可以用网子采取立体栽培方式。立体栽培方式无论对管理还是收获都有好处。支柱和管子在商店能购入。推荐使用价格稍微贵点的专用粗长类型。要考虑清楚在什么时候使用。支柱的架立方法，主要为右图所示的3种类型。

树立支柱，张开网子，蔬菜的茎和蔓连接起来，将茎蔓同支柱用绳子绑结固定住，通过这样的方式诱引。与作物生长趋势相合的绑结方式很重要。也有像四季豆等蔬菜在最开始诱引时通过网子连接起来以使其逐渐向上生长。

合掌式

很难倒，坚固，也适合用于番茄和南瓜等，围上网子后也可用来栽培黄瓜。

交叉式

当种植3株茄子时，架立顺应3根主枝生长的支柱。

直立式

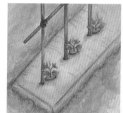

栽培灯笼椒等只需要将一根支柱插入土中，虽然足够支撑起植株，但可以如图中一样通过一根横着的支柱串联起来增加稳定度。

支柱与茎部之间用绳子系成8字形绑起来，茎部粗的话不要系太紧，要留有足够的空间。

7 整枝

整枝是通过调整蔬菜的生长，来提高产量的操作。摘掉叶腋长出来的侧芽，即为摘芽，摘掉茎部顶端的叶苗，即为摘芯。整枝主要适用于番茄和黄瓜等果类蔬菜。

如果作物生长状态好，可以稍微延缓摘芽。侧芽能够输送给作物根系额外的养分，当作物呈现疲劳状态，就可以频繁地进行摘芯、整枝了，实际上这是为了转移营养的输送。

摘芽

全部摘掉番茄的主枝和侧枝连接处生长出来的侧芽。

摘芯

当番茄的主枝生长到一定的高度时要摘芯。

8 追肥

蔬菜通用

茄子和灯笼椒等果类蔬菜的栽培期比较长，如果只施基肥会造成肥分供给不足，影响结果。为了预防肥分不足，要在栽培过程中进行追肥。6月追肥时为了让肥料效果更彻底，可以在地里撒上米糠等。7月追肥时，推荐使用见效快的波卡西堆肥。注意不要让波卡西堆肥伤到作物根部，最好撒在田间和植株周围，不要放入土里。梅雨季开始后再追肥的效果就不好了。

正在给茄子追肥的情形。不只是米糠，麦麸（小麦的外壳）也有追肥的效果。油枯有可能引来虫子，所以要控制分量。

正在给长葱追肥的情形。在生长初期和中期分两次播撒波卡西堆肥。

9 培土·中耕

蔬菜通用

培土可以防止玉米倒下，或者防止芋头和生姜的种球露出地表，还能促进长葱软白部分的生长。培土对作物有各种不同的作用。另外，培土还常常兼具除草的作用。

中耕是对植株以及田垄周围的土壤进行轻耕，与培土一样兼具除草的功效。中耕能够有效改善由于降水等导致的土壤结块变硬、透气性变差的问题。像用三角铲等削刮土层表面，这种情况是除草、中耕和培土三者一同进行。另外气温升高的七八月杂草生长旺盛，除草是不可缺少的操作。但如果土壤湿润时将摘下来的草堆在田里，杂草容易再次生根生长。所以要选择在干燥的晴天除草，让其迅速枯萎。

为了防止玉米株倒下，培土高度达到40~50厘米，再过约两周后进行第二次培土。

在狭窄的田间进行除草或中耕作业时可以巧妙利用这样的工具。

10 收获

蔬菜通用

每种蔬菜有相应适合收获的大小标准。若错过了适合收获期，果实会失去风味，要了解各种蔬菜的适合收获期，尽早收获。

黄瓜长成约100克的一小根时采收会更加美味。采摘果实的时候，最好稍微保留果实与枝干连接的果蒂部分，这会让保存期更久，口感美味。

巧妙使用地膜和无纺布的方法

在田里铺地膜，挂无纺布能促进作物生长，预防害虫。下面介绍覆盖材料的主要种类及其使用方法。

覆盖材料为农田的管理带来了便利，尤其是关于水分、温度、病虫害、杂草等各个棘手的环节。但没有能够应用于所有作物的万能材料，要根据作物品种来选择适合的种类。

比如使用与田地大小不相符的遮盖物反而会妨碍到作物的生长。使用时千万别给自己增添额外的负担。

（右图）田地表面覆盖的地膜，其颜色不同效果不同，黑色防止杂草生长，银色发挥防虫功效，透明的能够提升地面温度。

（左图）使用网孔小的防虫网，连幼苗上的小虫子都能有效防御。

材料的宽幅标准

聚乙烯地膜	垄宽约 40 厘米
无纺布	垄宽约 80 厘米
地膜	垄宽约 130 厘米
防虫网	垄宽约 130 厘米

覆盖材料的特点与效果

	保湿	杂草	防虫	透气性	保湿
稻草	◎	○		◎	○
黑色地膜	◎	◎	×	×	△
透明地膜	◎	△	×	×	○
银色地膜	◎	○	○	×	×

地面覆盖

主要目的　防止杂草生长　促进生长　防止溅泥　等

　　田垄表面覆盖了地膜或稻草等，称为地面覆盖。很多时候与立垄同时进行。

　　地膜比稻草更好入手，价格也很实惠，黑色、银色、透明、绿色等各种颜色的功能都不一样。被广泛应用的黑色地膜有防止杂草生长和溅泥，还有适度保湿的效果；银色地膜能够预防蚜虫及抑制地表温度上升；透明地膜能促进地表温度上升。

当然也推荐大家入手稻草。稻草中滋生的微生物能够被分解到土壤中。如果在田垄上铺了地膜的话，盛夏时可以在田间通道铺上稻草，对防止地面干燥很有效果。

巧铺地膜的诀窍

在田地的一端放上地膜的卷轴，在距离卷轴最外端约15厘米的地方绑上绳结。

沿着绳子，在绳子外侧用锄头轻轻地挖沟。

地膜的一端用土压紧，可以避免被风吹动，然后沿着地面转动滚轴展开地膜。

为了防止地膜被风吹开，在两边各处地膜边缘都用手堆上一些土。

将地膜铺到另一侧后，从卷轴上切离，用土压住。

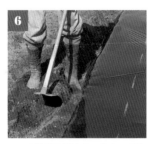

在地膜两侧完全压上土，用脚踩平后，铺面立刻平整起来。

铺地膜完成。平垄的话，其沟道是用来埋入地膜的，铺完地膜后填平沟道就可以了。排水差的场所要做成高垄，可以在最开始挖沟的同时将土堆高。

盖膜·拱棚

主要目的 ➡️ 防寒、防暑 预防虫害 防风 等

播种之后，在田地上直接遮盖相关材料，称为盖膜。能够随便使用的材料是无纺布，它的特点是轻而且透气性好，能够确保透光性。盖上无纺布后，出芽前能够起到保温、保湿、防虫、防寒、防霜、防风等效果。

使用防虫网或进行保温栽培作物时，也可以将材料盖成拱棚形状。用无纺布挂成的拱棚一样能够有效阻隔霜冻。

主要材料的特征、挂法、功效

	特征	挂法	功效
无纺布	轻、透光透气性好	盖膜式与拱棚式	保温、保湿、防虫、防风
寒冷纱	夏季能遮光防虫、冬季能防寒防霜	拱棚式	遮阳、防风
防虫网	防虫害	拱棚式	防虫
PE薄膜	保温效果好、无透气与透湿性	拱棚式	保温、防风

◎ 巧妙盖膜的诀窍

1

在田的一端放上无纺布，无纺布滚轴的两端用U形丝认真地固定好。

2

将无纺布向田的另一侧展开。

3

在对面的另一端同样用U形丝固定住。

4

为了防止被风吹起，左右两边都用手覆上些土压住，实在风力很强的时候，可以用U型针插入地里固定。

5

如果不想剪开无纺布，可以像图中一样用U形丝来收拢无纺布。

6

给田垄的边缘好好地覆上土。

胡萝卜应罩上黑色寒冷纱来防暑

胡萝卜在播种后罩上黑色的寒冷纱，可以节省浇水的功夫，防止干燥，促进发芽。

◎ 巧妙地挂起拱棚

※ 下面介绍的是拱棚的挂法"保温栽培"。这种方法适合于气温低或刚播种的时期。不只是叶类蔬菜，春季耕作的胡萝卜和白萝卜等作物也可以利用拱棚在 1 月时尽早播种。寒冷纱和防虫网可以采取同样的方法悬挂，在风不大的时期，外面不用压膜绳也可以。

U 形拱棚支杆尺寸要适合田垄的宽度。播种后罩上无纺布，插入的拱形支杆保持每个支撑柱相隔约 1 米。

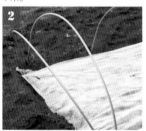

位于田地两端的第一支杆是笔直竖立的，不方便罩棚，因此要多插入一根向外侧倾斜的支杆来辅助罩棚。

将无纺布在田垄的末端收尾，并集中到中心位置打结系紧。

用 U 形丝等工具夹紧已经打好结的无纺布，再插入土中固定好。

除了斜着的支杆之外，在第一根笔直竖立的支杆的上端和左右两侧总共夹上三个固定夹。田垄的另一端也同样夹上。

将棚布全部展开，注意往上拉的时候不要被风刮倒。

收紧无纺布，尾端聚拢在一起，另一端也同样收紧，再用 U 形丝固定。

将压膜绳的一端系在 U 形丝上打结，埋进土里，另一端从拱棚上面开始拉伸，压住拱棚。

支柱之间用同一根压膜绳缠绕，将压膜绳子从拱棚的这一端到另一端，交错压住拱棚，最后绑到 U 形丝上固定。

为了避免被强风吹起，挖土埋上无纺布棚的边缘。

为了避免内部温度过高，在拱棚两侧开换气孔。春分后再移除拱棚。如果只有盖膜的话，到了 3 月就可以移除。

配土

有机栽培有必要在种植蔬菜的环境准备上多花些时间。特别是配土，一定要认真花时间来进行。

◎ 在田里加入堆肥

有机栽培一般是通过在田里施放堆肥改良土壤。制作堆肥的材料很多，包括落叶和稻草、麦麸等富含碳元素的材料，与米糠、油籽、牛粪、鸡粪等含氮成分高的材料混合在一起发酵。需要3个月的时间才可以完成制作。

而且，田里施肥后至少要等半个月到1个月才能进行播种或者定植。一旦混入了未熟的堆肥，它在土壤中分解时容易产生气体，这会妨碍蔬菜的生长。

堆肥除了可作为肥料的补充，其中含有的碳素成分还能够作为土壤里微生物的饵料促进微生物的增长。微生物能促进土壤疏松，有利于蔬菜根系的展开。这样的土能保存好适度的水分和肥分。堆肥能够被土中的微生物所分解，作物得以吸收利用。它的效果虽然能够维持较长时间，但是塑造出所谓的"地力"，从堆肥开始后需要2~3年时间。

充分分解，完全熟透的堆肥。放入田里作为微生物的饵料，制造"生土"。

阿部农园的堆肥是由修剪树木留下的枝干和牛粪制作而成。由于淋雨之后会变硬导致难以使用，所以要盖上塑料布防雨。

在初春播种与移栽的一个月之前进行堆肥。撒遍整个田地。量按照100平方米200千克，每3.3平方米6~7千克来计算。

全部撒好堆肥之后，耕地时拌入土中。

◎ 制作培苗的培养土（腐叶土）

　　寒冷时期培育幼苗的苗床"温床"与播种育苗时的培养土，有着密切的关联。

　　有机作业的农家已经使用"酿热温床"，就是将落叶、米糠磨成粉末后与稻壳等一起堆积在田里，洒水后踩踏，使其成温床。温床在发酵时产生的热能可以利用来育苗，制作出的腐叶土可以作为第3年育苗时的培养土。虽然有点费功夫，但是制作酿热温床是培苗过程中不可缺少的一步，一举两得。

找一个60厘米以上的大袋子，装入落叶。不要一次性倒进去，最好是一层层地倒入落叶，每次可倒入如上图所示的1/8。

铺上一层落叶后，撒米糠粉，直到落叶表面全部变白。米糠需要准备落叶重量的15%～20%。

再撒贝壳粉。需要准备落叶重量的1%～2%。

不要浇得满地都是水，浇到轻微湿润的程度再用脚踩踏。适合发酵的水分含量是材料重量的50%～60%。需要注意如果落叶过湿就会腐烂。

以上步骤再重复8～9次，堆积到约50厘米的高度。之后用旧毛巾或树脂膜覆盖，等温度上升时再移除。

踩踏完一周后，利用温床产生的热能来培育夏季蔬菜的苗等。

育苗后，温床放置3年就可以充分地分解。

一年后的落叶（左）与三年后的腐叶土（右）对比，小树枝之类的也被分解了。

到了相应的季节，腐叶土会出现大量甲虫的幼虫。它们食用腐叶土所排泄出的粪便，成为了见效显著的肥料。

◎ 家庭菜园如何制作波卡西堆肥

波卡西堆肥是由动物材料和植物材料混合发酵而成，其肥料效果持续稳定。波卡西堆肥含有优质土壤不可或缺的微生物以及微生物的饵料，可以作为万能肥料使用。通常有机肥料见效需要花费很长时间，但波卡西堆肥发酵后的肥料成分易于植物吸收，见效比较快。因此在种植作物前或作物生长过程中在田里施放波卡西堆肥作为基肥，效果皆不错。

重点

● 米糠里富含促进发酵的微生物。

● 使用富含氮的油籽能够促进发酵顺利进行。

● 使用山土或木炭作为吸附材料，能够延长土壤的持肥力。

少量容易准备的材料（50千克）

米糠	20 千克
油籽	20 千克
贝壳或贝壳化石	2.5 千克
山土或煤炭	2.5 千克

制作时需要约 3.3 平方米的空间。用材料堆积成的床，尽量铺在混凝土上，或者塑料垫、混凝土预制板上都可以。

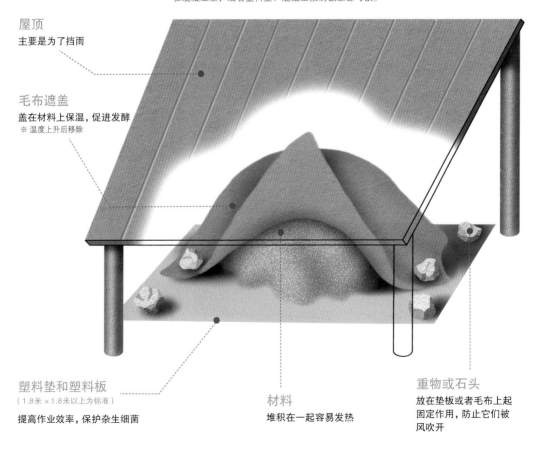

屋顶
主要是为了挡雨

毛布遮盖
盖在材料上保温，促进发酵
※ 温度上升后移除

塑料垫和塑料板
（1.8米 × 1.8米以上为标准）
提高作业效率，保护杂生细菌

材料
堆积在一起容易发热

重物或石头
放在垫板或者毛布上起固定作用，防止它们被风吹开

1

分批倒入各种材料，反复堆积，最后变成层状山形土堆。

2

堆积好材料后，用铲子来回混合，作业时可以一边洒水。（水分量的调整诀窍参照以下重点）将所有材料铲到旁边重新堆积起来，就能很好地混合。

3

为了保温和防止干燥，如图中一样在材料堆上覆盖一层地膜。如果能够盖毛布等透气性好的材料会更好。在温度开始上升时移除覆盖物。

4

如果发酵顺利进行，1周至10天内，其内部温度会上升到60℃～70℃，外层有5～10厘米的土层颜色会变白。这时需要翻一次地，若有点干燥，在翻地的同时补充水分。

5

2周之后，进行第二次翻地。这之后每隔两周进行4～5次翻地。一直到温度不上升，完全熟透为止。

6

完全熟透的波卡西堆肥，变成茶色，温度下降。水分变少，材料松散呈颗粒状。全熟之后可以将其放入纸质米袋等进行保存。

重点

制作波卡西堆肥的成功与否，关键在于水分量的调整。简单地握住材料就能检验水分含量，一边检查是否适度，一边加水。

迅速地一把握住材料

○合适的水分含量

张开握拳的手，材料周围干脆崩开。

× 水分过多

材料能够挤出水就是水分过多，有发生腐烂的可能性。这时需要再补足些材料。

夏季蔬菜的育苗

培育夏季蔬菜幼苗时，尚未到气温上升时期。育苗关键在于温度管理与培养土的土质。第145页介绍了温床与腐叶土的活用方法。

◎ 一粒粒种子小心播种

培苗使用的培养土，最好是基本上没有病原菌体，适量含有肥料与矿物质成分。因此推荐使用 P145 介绍的腐叶土（市面上出售的培苗专用有机培养土也可以）。

另外，种子的播种方式也很重要。相邻的苗长大后尽量不要让叶片重叠到一起。播种时的间隔距离根据蔬菜的种类而变化。种子颗粒细小的番茄与茄子，可以采取浅播方式，种子大颗的青椒和灯笼椒，则可以一粒粒按列状播种。瓜类的种子要注意摆好朝向，保证双叶的朝向正确就能顺利生长发育。

在苗箱里添入培养土，将土表面铺平。土层深度约 3 厘米。或者使用培育稻苗用的育苗托盘也容易传递温床的热量。

浇水，充分使土壤湿润。浇到育苗箱底部流出水为止。

对于颗粒比较粗大的培养土表面，需要用木片之类的压平整。

番茄和茄子的种子可以直接放在土面上育苗，其他的蔬菜可以用木片的尖角在土面压出一道沟来育苗。种子间隔与列间距可参照：青椒与灯笼椒约为 2.5 厘米 ×3.5 厘米、黄瓜约为 3 厘米 ×3.5 厘米、南瓜与西葫芦约为 4.5 厘米 ×4.5 厘米。

用筛子筛出细土覆盖在育苗箱里，遮住种子即可。为了防止土壤干燥引起发芽迟缓，覆土要稍微厚点，再用木板之类的轻轻压平。

如果土壤表面干燥的话每天浇一次水，要在气温比较高的白天进行。

温床上可以设置无纺布盖膜用来保温与防止干燥。晚上可以设置一层塑料膜拱棚保温，若没有温床，也可以在发芽后将其摆放到窗边等温暖的场所来管理。用两层塑料膜的拱棚来育苗也可以。2 月播种时如果没有加温措施，保持必要的夜间温度是比较难的。

◎ 长出真叶后上盆

在苗箱里育成的小苗，长出真叶后，就可以移栽到花盆里。迟了的话容易徒长，要找准时机上盆。

花盆可以使用市面上卖的苗用盆，直径约10.5厘米的3.5号盆，比较大的南瓜苗可以用4号盆（直径约12厘米），要种在足量的培养土里，肥料供给不要断。使用大点的盆则定植时间会稍微推迟，但小苗不容易徒长，操作时会更有余裕。

关于适合移栽的时间，茄子、番茄、黄瓜和南瓜这些作物是在长出一枚真叶后，长出第二枚之前，青椒和灯笼椒等蔬菜要尽早移栽才会更美味，所以在真叶刚长出来就马上移栽。为了不伤到根部，最好不要抖落根部土壤。上盆之后注意避免高温、过度湿润的环境。

给花盆里填入培养土，浇透水，直到水从盆底孔里流出为止，放置30分钟等土完全浸透。

用棍子直接戳到花盆的底部，开种植穴。

掏苗床的土，将苗连土取出。

番茄、茄子和黄瓜的苗可以修根（如上图）。青椒，灯笼椒，辣椒尽量不要伤到根部，最好不要抖落其根部的土，要直接移栽。

将根放入种植穴里，将旁边的土堆到植株底部，无论哪种蔬菜，尽量都将其埋到双叶以下的深度。

充分浇水，放在温床上。4~5天就会发根。

晴天如果完全密封拱棚或保温屋，由于气温过高，小苗就会枯萎。最好在白天开放，夜晚降温后关闭。高温之下小苗刚开始发蔫就应该立即浇水。另外，花盆的浇水时机与育苗箱一样。为了迎合作物生长，要保持好花盆的间隔。培育到这一步的话（如图）即使移到温床外也没关系了。

杂草的对策

农活中一个不可忽视的存在就是除草。放任杂草生长的话，它会成为害虫的温床，妨碍蔬菜的生长。下面介绍有机栽培时处理杂草的几个对策与要诀。

◎ 黑色地膜与稻草是基础措施

播种或移苗时，同时在田垄上覆盖地膜的人很多。这时如果使用黑色的地膜，就能抑制杂草，大幅降低除草的功夫。

如果手头有稻草的话最好能铺在田间通道上，不仅能够抑制杂草，还能防止夏季地面过度干燥及下雨时溅起的泥土的污染，这样做对蔬菜生长及作业都有好处，能够使农务更畅快舒适。

田垄铺上黑色地膜，垄间铺上稻草。稻草最好能密集堆积在一起，不留间隙的话，抑制杂草的效果好。

◎ 抑制杂草的中耕

因为蔬菜的底部无法覆盖到地膜，所以同时进行中耕培土来抑制杂草。比如茄子和青椒等果类蔬菜在定植后的 4~5 天，即使尚未看到杂草的踪迹，也可以在垄间进行轻轻地中耕，可以轻松抑制住杂草的生长源。

牛筋草（左上图）播种后长很高，由于扎根牢固很难拔出。
马齿苋（右上图）虽然能长得比较大，但摘除简单，是处理起来比较不费心的杂草。

◎ 抑制杂草生长的生物防护

可以利用生长的植物作为护盖，比如使用麦子的话，就称为麦护盖。

麦护盖，是在田垄间种植小麦来抑制杂草。虽然日本有专门的护盖类品种，但也可以用普通小麦来代替。需要注意小麦播种的时机，播种太早的话，穗会成熟；播种太晚的话，杂草就冒出来了。果类蔬菜定植之后，马上在田垄间进行中耕，播种麦子。另外，麦子的播种密度要厚点，在垄宽60厘米的通道上以每30米撒1千克为基准。麦子枯萎后也能作为铺盖稻草来使用。

在田垄间种植小麦。

◎ 在需要休整的田地上栽培绿肥作物

种植了高粱的休耕田地。

收获作物后的田地，种点什么好呢？6月末到7月上旬，刚收获完芋头的田地里，适合马上种上大豆等作物。

休耕时期，田里可以种上禾本科的高粱、豆科的菽麻等绿肥植物，这也是一种抑制杂草的方法。育成后不管是用来粉碎还是干枯之后使用，铲入土中，对配土有良好效果。若铲入的土中含大量有机物，移栽前的2个月需要耐心等待其分解。

◎ 在秋季播种的2周前认真除草

到了9月，杂草已经过了生长巅峰期，没有必要像夏季那样频繁地除草。但是掉落在地上的草种子却会引起大麻烦。日本有句农谚说"秋季的草能增长1000倍，残留7年"。另外9月播种时，上半月特别容易遭受食芯虫和日本盲蛇蛉的侵害。对策是在播种的2~3周前，对田地进行除草。若有杂草在，虫就能寄生于其中。

杂草长到照片里的程度时用锄头铲除。为了以后更轻松，在杂草结出种子前，尽早除草。

三角铲可以边削土边除草，株体周围的狭窄之处也能强有力地使用，对于扎根很深的杂草也能反复挖掘。

虫害的对策

有机栽培的理想状态是虫害少且分布范围不广。虽说有害虫，但通过益虫的存在来维系平衡，虫害就不会扩展。大前提是使用优良肥料，守时。

◎ 利用混合种植的载体植物

田地周围培育载体植物，不仅可以防风，还可以抵御害虫的入侵。最大的效果是引来益虫，让益虫在此处存留。

如果周围种上麦子，麦子上附着的害虫（禾谷缢管蚜）、烟蚜茧蜂会引来瓢虫这种益虫。蔬菜上如果有烟蚜茧蜂，一定逃不开它附近的益虫。

在收获时期稍微错开混植一些的话，之后田地处于空置状态时就能够缩短重启周期。

作为载体植物的高粱，引来益虫去捕食害虫。

◎ 防虫网的使用方法

防虫网除了防虫没有别的效果，防虫网主要使用于4~5月与8~9月生长的蔬菜及生长期间短的蔬菜（3个月以内）。主要是叶类蔬菜。

在使用防虫网时，应该有3点（参照下面栏目）要特别注意，一旦害虫进入防虫网内，而里面没有害虫的天敌，那网子里对害虫来说就是"天堂"了，防虫网反而会带来反效果。

防虫网的挂法与P143介绍的塑料拱棚挂法一致。因为网内要保持通风，没必要使用压膜带。

使用防虫网时的3个要点

1 播种或定植的同时挂上防虫网。
如果等到作业完的第二天再挂，会让害虫趁虚而入。

2 将网子边缘埋入土中，不要留有空隙，破了的网子要修补后再使用。

3 要选择使用适合目标（害虫）目数的防虫网。
1毫米目数可以防治：夜盗虫、小菜蛾、食心虫、芜菁叶蜂。
0.6毫米目数可以防治：烟蚜茧蜂、黄曲条跳甲。

定植的同时盖上防虫网，网子边缘埋进土中不留空隙。

◎ 影响蔬菜生长的典型害虫

蚜虫

吸食植物的汁液，寄生在植物上影响植株发育，也是病原菌的媒介。

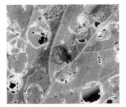

金花虫

叶面上残留着虫啃噬留下的白色痕迹。

二十八星瓢虫

很像瓢虫，主要食害茄子，芋头，黄瓜等蔬菜的叶、花和果实。

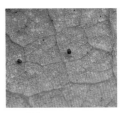

叶蝉

吸食茄子等的叶片和果实的汁液，多发于梅雨季后气温升高的时期。

食芯虫

主要食害十字花科蔬菜的叶片和芯，阻碍蔬菜生长，多发于气温升高的时期。

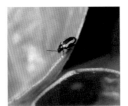

黄曲条跳甲

食害十字花科蔬菜，特别喜欢吃白萝卜，幼虫啃食作物根部。

夜盗虫

会潜入白菜和卷心菜中食害，因为在夜间活动，所以比较难发现。

芜菁叶蜂

幼虫主要食害白萝卜和芜菁等十字花科蔬菜的叶片，遇到捕捉时会卷曲身体。

◎ 作为害虫天敌的典型益虫

瓢虫

七星瓢虫与二星瓢虫是捕食蚜虫的代表益虫。

螳螂

捕捉活动的虫子，如蚜虫、夜盗虫、椿象等害虫。

蛙

食欲旺盛的蛙类是捕杀害虫的能手，蟾蜍能吃金凤蝶的大幼虫。

蜘蛛

蜘蛛网能捕杀害虫，作业时不要嫌蜘蛛网碍事而摘除掉。

蜻蜓

不会危害蔬菜，而且能吃很多种类的害虫。

食蚜蝇

蚜虫的天敌可不只有瓢虫哦，这种食蚜蝇的幼虫也是吃蚜虫的。

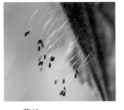

草蛉

幼虫能捕食蚜虫和叶蝉，其卵的形状很特别，被称为"优昙花"。

猎蝽

因为是食肉性昆虫，所以也有益虫的一面。带刺，需要留意不被刺到。

图书在版编目（CIP）数据

家庭有机小菜园 /（日）阿部丰著；冯宇轩译. --长沙：湖南科学
技术出版社，2019.8
ISBN 978-7-5710-0195-7

Ⅰ．①家… Ⅱ．①阿… ②冯… Ⅲ．①蔬菜园艺 Ⅳ．①S63

中国版本图书馆 CIP 数据核字(2019)第 096921 号

JIATING YOUJI XIAO CAIYUAN
家庭有机小菜园

著　　者：[日]阿部丰
译　　者：冯宇轩
责任编辑：李 霞 杨 旻
封面设计：刘 谊
出版发行：湖南科学技术出版社
社　　址：长沙市湘雅路 276 号
网　　址：http://www.hnstp.com
湖南科学技术出版社天猫旗舰店网址：
　　http://hnkjcbs.tmall.com
邮购联系：本社直销科 0731-84375808

印　　刷：长沙超峰印刷有限公司
　　　　　（印装质量问题请直接与本厂联系）
厂　　址：宁乡市金州新区泉洲北路100号
邮　　编：410600
版　　次：2019 年 8 月第 1 版
印　　次：2019 年 8 月第 1 次印刷
开　　本：787mm×1092mm　1/16
印　　张：10
字　　数：200000
书　　号：ISBN 978-7-5710-0195-7
定　　价：48.00 元